中国特色学徒制试点
学徒岗位教材

园林工程预算员学徒岗位手册

刘小菊　李芬英　主编

中国农业大学出版社
·北京·

内容简介

本教材以培养高等职业教育现代学徒为目标，培养能够独立承担行业内具体工作的实用性人才为最终目的，采用项目教学法和典型工作任务相结合的“理实一体化”教学改革模式，将园林工程预算员学徒岗位相关知识分成3个项目6个任务。每个项目前面明确专业知识准备，任务中设置任务目标与质量要求和学习产出目标等环节，通过完成各项任务来掌握相关知识和技能，并完成相应的考核；通过每个任务后的学徒任务，采用实操、课业形式巩固和拓展学生对学习目标的理解和掌握。企业评价是本教材的亮点，学徒制活页式手册的特色，在本教材中得到很好体现。园林工程预算采用广联达预算软件编制工程量模块，软件页面截图清晰直观，方便教学应用。

本教材可作为高等职业园林技术、园林工程技术、风景园林等专业教材或培训教材，也可以作为企业园林工程预算员的参考用书。

图书在版编目(CIP)数据

园林工程预算员学徒岗位手册/刘小菊，李芬英主编. -- 北京：中国农业大学出版社，2023.10

ISBN 978-7-5655-3108-8

Ⅰ.①园… Ⅱ.①刘… ②李… Ⅲ.①园林-工程施工-建筑预算定额-岗位培训-手册 Ⅳ.①TU986.3-62

中国国家版本馆CIP数据核字(2023)第226083号

书　　名　园林工程预算员学徒岗位手册
Yuanlin Gongcheng Yusuanyuan Xuetu Gangwei Shouce

作　　者　刘小菊　李芬英　主编

策划编辑　许晓婧　张　玉　　**责任编辑**　许晓婧
封面设计　李尘工作室
出版发行　中国农业大学出版社
社　　址　北京市海淀区圆明园西路2号　　**邮政编码**　100193
电　　话　发行部 010-62733489，1190　　读者服务部 010-62732336
编辑部 010-62732617，2618　　出 版 部 010-62733440
网　　址　http://www.caupress.cn　　**E-mail**　cbsszs@cau.edu.cn
经　　销　新华书店
印　　刷　运河(唐山)印务有限公司
版　　次　2024年1月第1版　　2024年1月第1次印刷
规　　格　185 mm×260 mm　16开本　15印张　381千字
定　　价　49.00元

图书如有质量问题本社发行部负责调换

编 写 人 员

主　编　刘小菊（新疆农业职业技术学院）

李芬英（新疆市政园林有限公司）

副主编　阿力木·依斯马依力（新疆农业职业技术学院）

张　琴（新疆农业职业技术学院）

刘　彬（新疆农业职业技术学院）

刘宝玉（广联达科技股份有限公司）

参　编　向琳玲（新疆市政园林有限公司）

牟　磊（新疆正昊建设工程项目管理有限公司）

刘　俊（新疆市政园林有限公司）

前言

《园林工程预算员学徒岗位手册》是培养高职市政和农林类园林工程现代学徒的一本重要的专业课教材。本教材以党的二十大报告中提出的“统筹职业教育、高等教育、继续教育协同创新，推进职普融通、产教融合、科教融汇，优化职业教育类型定位”为指导，以培养更多应用型、技能型人才为目标，即培养可独立承担园林行业内具体工作的实用性技能型预算人才为目标进行编写。

本教材适应中国特色学徒制培养模式改革的需求，以发展具有中国特色的现代教育为引领，充分体现“以学生为中心”的教育理念，强调学习与实践之间的匹配性，让学徒的职业操作能力得到充分的锻炼以适应岗位的需求。在内容的选择和组织上以工作过程形式编排，将步入企业和对学徒岗位的认识纳入其中，以学徒的认知规律和职业能力形成为主线，以工作任务为载体，将工作程序与方法要求单独提炼出来，并附以对应的专业知识、业务经验和案例分析，每一部分都有工作记录单，将工匠精神、劳动精神、职业素质融入全过程是本教材的特色。使学徒的学习既有明确知识目标，又有针对性的技能目标和素质目标；即将理论知识和实践很好地结合，既提高了学徒解决实际问题的能力，又提高了学徒的职业素质。

本教材共三部分，第一部分企业入职培训，共 4 个专题，由刘小菊编写；第二部分企业师傅岗前培训，共 4 个专题，由刘小菊编写；第三部分学徒工作学习任务（学徒实践项目），共 6 个学习任务：任务 1 和任务 5 由张琴和牟磊编写，任务 2、任务3、任务4由刘彬、阿力木·依斯马依力、刘小菊、张琴、李芬英和刘宝玉编写，任务6由刘俊和向琳玲编写。附录部分由刘小菊编写。刘小菊、阿力木·依斯马依力负责统稿。

教材编写中参考了很多相关文献资料，在此表示感谢，同时向参与教材编写的工作人员表示由衷的感谢。

在教材编写过程中，编者都做出了很大努力，但由于水平和时间有限，书中不妥之处在所难免，敬请广大读者提出宝贵的意见。

编　者
2023年10月

目　录

第一部分

企业入职培训

The first part

The first part

The first part

The first part

入职培训专题 1

我国园林行业发展趋势及前景

一、 行业概况

园林行业市场空间巨大，整个园林行业划分为市政园林、地产园林和生态修复三大方向，按照投资主体不同，将园林行业细分为市政园林、地产园林、生态修复类园林、企事业单位类园林和私家园林。

“十三五”期间每年的市场空间合计估算在 4 500 亿元左右，但由于行业进入门槛低，缺乏行业标准体系的约束，园林行业整体呈现“大行业、小公司”的格局。目前我国园林绿化企业数量已超过 1.6 万家，根据住建部公布的信息及中国园林网统计，截至 2016 年 6 月 30 日，行业内具有城市园林绿化一级资质的企业 1 348 家，具有风景园林工程设计专项甲级资质的企业 292 家，同时具有上述两项资质的公司（即“双甲”企业）约 100 家。

园林绿化施工行业具有资金密集型、周期性、季节性和区域性等特征。资金密集型，主要是因为园林绿化项目建设施工涉及业务环节较多，前期需要相当比例的保证金和铺底流动资金作为支撑，且上下游领域的结算存在时间差，从而使园林施工企业在项目施工和养护过程中需占用较多运营资金。周期性是指园林绿化建设与地方政府经济发展紧密相关，因此，产业发展与经济发展水平和经济发展周期具有较强的一致性。季节性是指园林绿化项目的主要内容为绿化种植，其施工与各地区的雨水、气温、空气湿度等因素有着密切关系，季节性特征明显。区域性是指园林绿化与工程所在地域的经济实力和发展水平相关性较大，我国园林绿化行业的发达程度在东部、中部和西部之间具有明显的差异。如长三角地区、京津环渤海地区和珠三角地区园林绿地面积和绿化覆盖率居全国前列，相应地，该类地区园林绿化项目和园林绿化企业的数量也比较多。

二、 行业发展趋势及前景

二十大报告提出：推动绿色发展，促进人与自然和谐共生。以国家重点生态功能区、生态保护红线、自然保护地等为重点，加快实施重要生态系统保护和修复重大工程。推进以人为核心的新型城镇化，加快农业转移人口市民化。以城市群、都市圈为依托构建大中小城市协调发展格局，推进以县城为重要载体的城镇化建设。加强城市基础设施建设，打造宜居、韧性、智慧城市。统筹乡村基础设施和公共服务布局，建设宜居宜业和美乡村。因此，国家生态文明建设、新型城镇化、乡村振兴、美丽乡村建设和园艺康养的大背景，为园林绿化提供了广阔的发展空间。

（一） 政府投资的最新发展趋势

1. 总体发展趋势

政府投资是指在国内使用预算安排的资金进行固定资产投资建设活动，包括新建、扩建、改建、技术提升与更新等，具有“引导和带动社会资本扩大有效投资”和“稳增长、促改革、惠民生”等关键作用。

目前，我国经济“稳增长、调结构”等压力较大，政府投资作为促进社会经济健康发展关键因素，在国家经济社会中发挥着越来越重要的作用。2014—2018 年我国政府公共财政支出和地方财政支出均有提升，同时，政府通过多渠道保证收支平衡，2019 年地方政府债券发行额波动中较快增长，一定程度上促进了政府投资和社会经济的持续稳定增长。

2. 政府投资于园林绿化行业的发展趋势

园林绿化工程作为普惠的民生工程和最为广泛的公共服务产品之一，具有较大的经济、社会价值，各地政府对园林绿化重视程度较高。自 2015 年始，园林绿化投资表现为较快速的增长，全国城市园林绿化市场规模和绿地面积也表现出稳定增长的趋势（图 1-1）。

3. 政府投资项目资金保障趋势

2019 年 3 月，《政府工作报告》提出的“对拖欠企业的款项年底前要清偿一半以上，决不允许增加新的拖欠”的目标任务。同年 4 月，国务院第 712 号令颁布《政府投资条例》，对相关政府投资进行规范，“政府投资项目所需资金应当按照国家有关规定确保落实到位。政府投资项目不得由施工单位垫资建设”。

随着政府对前期已投资项目相关欠款的加速清偿、对园林绿化工程的重视以及增加相关政府投资，园林绿化行业有望随着政府投资和清偿能力的提升，实现高质量稳定发展。

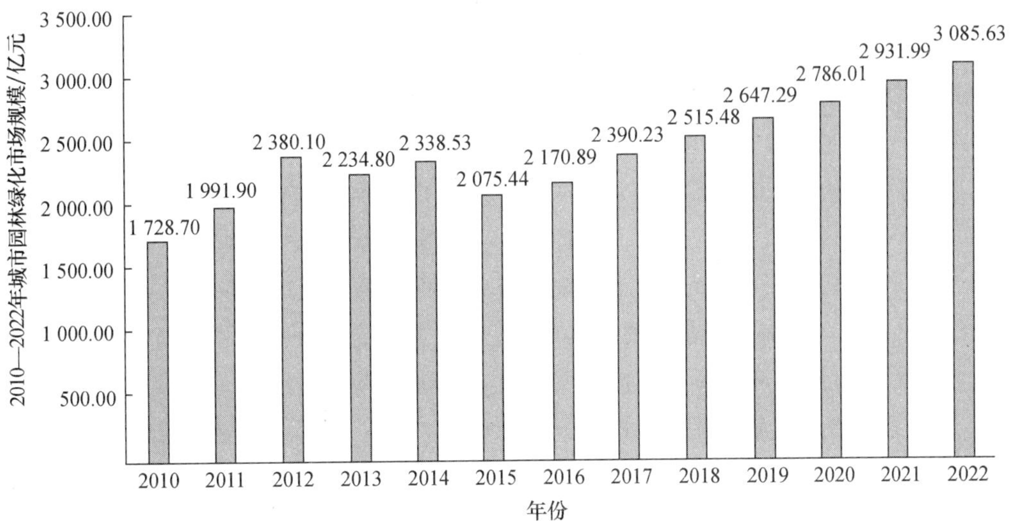

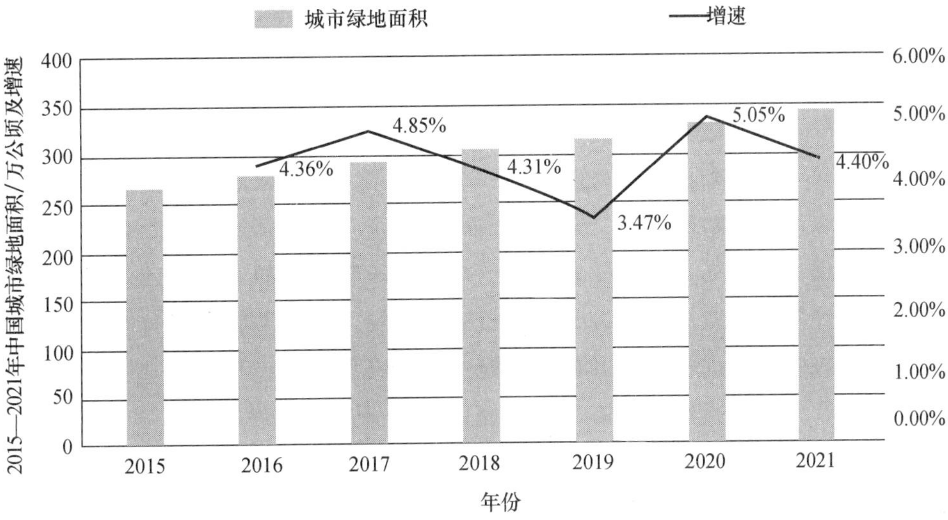

图 1-1　城市园林绿化市场规模和绿地面积的变化

（二）　市政园林发展趋势

城镇化促进市政园林发展，城市化进程中新增城市面积的绿化建设需求不断增长。改革开放以来，我国国民经济持续快速发展，城市化进程稳步推进，城市面积、城镇人口规模不断扩大。2019 年末，我国城镇化率已达到 60.60%，但仍远低于发达国家 80%的平均水平，城市化进程仍将持续推进，尤其是在二、三线城市和中西部地区。《中华人民共和国国民经济和社会发展第十四个五年规划和 2035 年远景目标纲要》（以下简称《纲要》）提出“十四五”时期经济社会发展主要目标之一为：农业基础更加稳固，城乡区域发展协调性明显增强，常住人口城镇化率提高到 65%，现代化经济体系建设取得重大进展。

城镇化的快速发展加快了城镇园林绿化的建设，促进我国生态文化体系快速形成，国家及地方各级政府有关鼓励园林绿化发展的政策也不断出台和更新。2011年7月，全国绿化委员会、国家林业局发布了《全国造林绿化规划纲要（2011—2020年）》，提出到2020年，城乡绿化覆盖面积大幅度提高，人居环境总体达到全面建设小康社会的要求。2013年9月，国务院发布的《关于加强城市基础设施建设的意见》提出要加大社区公园、街头游园、郊野公园、绿道绿廊等规划建设力度，完善生态园林指标体系，推动生态园林城市建设。党的“十九大”报告中提出加快生态文明体制改革，建设美丽中国。《纲要》提出生态文明建设实现新进步。国土空间开发保护格局得到优化，生产生活方式绿色转型成效显著，能源资源配置更加合理、利用效率大幅提高，单位国内生产总值能源消耗和二氧化碳排放分别降低13.5%、18%，主要污染物排放总量持续减少，森林覆盖率提高到24.1%，生态环境持续改善，生态安全屏障更加牢固，城乡人居环境明显得到改善。

1. 道路边坡生态修复

根据《纲要》提出要完善综合运输大通道，加强出疆入藏、中西部地区、沿江沿海沿边战略骨干通道建设，有序推进能力紧张通道升级扩容，加强与周边国家互联互通。构建快速网，基本贯通“八纵八横”高速铁路，提升国家高速公路网络质量，加快建设世界级港口群和机场群。完善干线网，加快普速铁路建设和既有铁路电气化改造，优化铁路客货布局，推进普通国省道瓶颈路段贯通升级，推动内河高等级航道扩能升级，稳步建设支线机场、通用机场和货运机场，积极发展通用航空。加强邮政设施建设，实施快递“进村进厂出海”工程。推进城市群都市圈交通一体化，加快城际铁路、市域（郊）铁路建设，构建高速公路环线系统，有序推进城市轨道交通发展。提高交通通达深度，推动区域性铁路建设，加快沿边抵边公路建设，继续推进“四好农村路”建设，完善道路安全设施。

2. 水利生态修复

党的“十八大”报告指出，要加快水利建设，增强城乡防洪抗旱排涝能力，加强防灾减灾体系建设，提高气象、地质、地震灾害防御能力，坚持预防为主、综合治理，以解决损害群众健康突出环境问题为重点，强化水、大气、土壤等污染防治，坚持共同但有区别的责任原则、公平原则、各自能力原则，同国际社会一道积极应对全球气候变化。“十四五”时期，立足流域整体和水资源空间均衡配置，加强跨行政区河流水系治理保护和骨干工程建设，强化大中小微水利设施协调配套，提升水资源优化配置和水旱灾害防御能力。坚持节水优先，完善水资源配置体系，建设水资源配置骨干项目，加强重点水源和城市应急备用水源工程建设。实施防洪提升工程，解决防汛薄弱环节，加快防洪控制性枢纽工程建设和中小河流治理、病险水库除险加固，全面推进堤防和蓄滞洪区建设。加强水源涵养区保护修复，加大重点河湖保护和综合治理力度，恢复水清岸绿的水生态体系。

3. 海绵城市

“海绵城市”作为新一代城市建设的概念，致力于打造城市如海绵一般，具有适应环境和自然灾害的良好弹性。2015年，国务院办公厅印发《关于促进海绵城市建设的指导意见》，明确表示促进公园绿色建设和自然生态修复，推广海绵型公园和绿地，加强对城市湖泊、湿地等水体进行保护和修复。目前，全国有上百个城市已经制定了海绵城市建设方案，其中对园林绿化的需求占比巨大。通过海绵城市建设，综合采取“渗、滞、蓄、净、用、排”等措施，最大限度地减少城市开发建设对生态环境的影响，将70%的降雨就地消纳和利用。到2020年，城市建成区20%以上的面积达到目标要求；到2030年，城市建成区80%以上的面积达到目标要求。

4. 新农村建设

国务院办公厅印发的《农村人居环境整治提升五年行动方案（2021—2025年）》提出坚持立足农村，突出乡土特色。遵循乡村发展规律，体现乡村特点，注重乡土味道，保留乡村风貌，留住田园乡愁。坚持农业农村联动、生产生活生态融合，推进农村生活污水垃圾减量化、资源化、循环利用。推进乡村绿化美化。深入实施乡村绿化美化行动，突出保护乡村山体田园、河湖湿地、原生植被、古树名木等，因地制宜开展荒山荒地荒滩绿化，加强农田（牧场）防护林建设和修复。引导鼓励村民通过栽植果蔬、花木等开展庭院绿化，通过农村“四旁”（水旁、路旁、村旁、宅旁）植树推进村庄绿化，充分利用荒地、废弃地、边角地等开展村庄小微公园和公共绿地建设。

支持条件适宜地区开展森林乡村建设，实施水系连通及水美乡村建设试点。完善地方为主、中央适当奖补的政府投入机制，继续安排中央预算内投资，按计划实施农村厕所革命整村推进财政奖补政策，保障农村环境整治资金投入。地方各级政府要保障农村人居环境整治基础设施建设和运行资金，统筹安排土地出让收入用于改善农村人居环境，鼓励各地通过发行地方政府债券等方式用于符合条件的农村人居环境建设项目。县级可按规定统筹整合改善农村人居环境相关资金和项目，逐村集中建设。通过政府和社会资本合作等模式，调动社会力量积极参与投资收益较好、市场化程度较高的农村人居环境基础设施建设和运行管护项目。

5. 城市园林

我国地产行业虽然短期增速波动，但依旧表现出增长态势，2022年度我国房地产开发投资完成额为13.29万亿元。地产园林作为房地产不可或缺的部分，其市场规模将随着房地产投资的增长而不断扩大。若以房地产投资额的2%用于园林投入计算，2022年全年我国地产园林市场容量达到了2 658千亿元。

地产园林市场的发展，直接受到下游房地产行业的市场供需水平变动的影响。我国房地产行业近年来一直保持持续增长，近年来虽然受到国家宏观调控影响，短期内全国房地产成交量受到了一定影响，但其总体发展趋势并未发生改变。房地产投资与消费依然对稳增长、促民生具有较强正向作用，因此，未来房地产政策将回归到“鼓励居民自住性、改善性住房需求，保持房地产长期平稳健康发展”的正常基调。其中，园林绿化景观作为地产中不可或缺的部分，未来随着房地产开发商对园林绿化投资的逐步加大，将会进一步扩大地产园林的市场规模。

2021 年我国园林绿化行业市场规模约为 8 696 亿元，同比增长 3.9%，我国城市人均公园绿地面积呈现持续上升的趋势，城市人均公园绿地面积由 2014 年的 13.08 m^2 上升至 2021 年的 14.87 m^2。2021 年我国城市建成区绿化覆盖率达到 42.42%。

传统园林绿化企业在项目中主要承担施工的责任，但随着园林行业的发展，特别是工程总承包（EPC）模式项目的大力推广，园林绿化企业同时承担工程项目的设计、采购、施工、养护等工作，并对承包工程的质量、安全、工期、造价全面负责，已经成为行业发展趋势。设计能力作为衡量企业的重要指标，一定程度上决定了项目的最终质量和效果。同时具备良好的设计能力和施工业务能力的园林绿化企业，能够更好地将设计理念与工程施工相结合，有效减少设计与施工间的沟通障碍，提高设计和施工效率以及客户满意度。因此，设计、施工一体化经营的企业综合竞争力更强。

目前，行业内具有一定规模和市场份额的公司已经由传统园林施工企业向优质管理、技术和品牌输出的综合性、一体化经营园林绿化公司转型。通过运用现代项目管理的理论和方法，对园林工程项目进行管理，并以专业技术和企业品牌进行辅助，从而使项目协调交叉工作减少、设计变更减少、工期缩短，项目投资得到有效控制，从而更好地满足项目建设管理要求。2019 年 12 月，住建部和发展改革委发布《房屋建筑和市政基础设施项目工程总承包管理办法》，规定对于建设内容明确、技术方案成熟的项目，适宜采用工程总承包方式。

（三） 园林绿化的生态功能逐渐受到重视

随着环境保护意识深入人心，人们在生活水平提高的同时也日益关注居住环境问题。在过去 30 年的快速城市化进程中，城市自然生态功能因人口急剧增长而严重退化，加快城市园林建设、改善城市生态环境、提高居住质量势在必行。园林绿化作为城市自然生态环境的重要组成部分、城市唯一有生命的基础设施建设，将逐渐回归改善自然生态环境的实质功能。

生态园林城市的建设将促进城市园林绿化建设向节约型、生态型、功能完善型发展，园林绿化行业也将顺应趋势，逐渐将资源、技术、施工内容向生态领域倾斜。

（四）家庭园艺市场发展前景广阔

随着现代人们生活水平的不断提高，人们的居住观念和要求也越来越高。在室内装修之外，室外家庭园艺环境的营造与修建日益得到重视。在欧美国家，家庭园艺已经成为人们生活中不可或缺的一部分，随着中国经济增速较快发展和市场上对于专业化家庭园艺产品与服务的大量需求，为家庭园艺产业的发展提供了良好的发展机遇。随着中国家庭富裕程度不断提高，家庭消费中家庭园艺即将成为园林行业一个新的增长点。

入职培训专题2
园林工程企业管理文化

第一节　我国园林工程公司的组织构架

一、 项目经理

1. 任职条件

园林及相关专业，具有五年以上的绿化施工现场管理经验，取得二级建造师任职资格。

2. 职责

（1）负责本项目工程合同的经济技术的履约要求，组织协调项目内外业务关系。

（2）负责项目质量、工期、成本、安全、产值及各项指标的完成，并组织好全过程的预防、预控制各职能分工。健全质量保证体系，参与过程检验、评定工作。

（3）组织或参与编写施工组织设计，及时妥善处理工程事故及其他影响施工生产的纠纷。编写施工动态方案及施工计划，负责中标后预算成本计划编制及结算工作。

（4）负责组织落实施工组织设计，负责组织编写施工过程劳动力、机具、材料计划，并实施动态管理。

（5）负责质量计划的实施和落实质量责任制，把好材料进场检验和使用质量关，杜绝使用不合格材料。

（6）负责工程质量评定，组织竣工验收交验。

（7）负责公司对本项目所签订的各项经济指标完成的落实。

(8) 处理工程部的日常管理工作。

(9) 完成领导临时交办的其他事务。

二、技术负责人

1. 任职条件

园林及相关专业，具有三年以上的绿化现场施工经验，熟悉园林工程施工流程及重点注意事项，能做园林绿化预算。

2. 职责

(1) 熟悉施工图纸，学习有关规范、标准、施工技术操作规程和招投标文件，施工文件等；参与工程的设计交底、图纸会审。

(2) 负责施工组织设计、专项施工等所有技术方案的编制工作，处理、收集并整理与工程有关的技术文件（包括图纸、设计变更、测量、试验、工作联系单、报告单等）。

(3) 深入现场进行技术指导，解决现场技术问题并做好各种原始记录。发现问题及时解决，如不能及时自行解决的问题，及时报告项目经理或总工，共同制定处理措施。

(4) 负责周报和每月的工程月报（包括本月质量、安全、天气、进度、产值、形象照片和下月进度计划、材料供应、需解决的问题），给监理和公司。

(5) 负责与施工员的联系工作，及时办理技术交底和签证工作。

(6) 编写半年和一年材料、物资、设备工序计划或方案。

(7) 培养技术员，为其提供发展空间。

(8) 熟悉施工图，精通定额、预算软件和有关文件规定，深入施工现场了解实际情况，及时准确地完成施工图预结算。

(9) 合理套用定额无错项、漏项，及时编制设计变更补充预算，做好完整、高质量的月结算和竣工结算。

(10) 工程竣工时，主持工程竣工资料编制工作。

(11) 努力学习，不断提升业务水平，理论联系实际，为公司发展献言献策。

(12) 完成领导交办的其他事务。

三、预、核算员

职责

(1) 执行公司预算合同部、所属项目的各项制度。

(2) 参与公司对外投标的经济标编制工作。

(3) 中标后，根据施工图核算工程量，与工程量清单对比，报公司领导审核，核对施工组织设计及隐蔽资料，编制工程项目施工图预算报送上级各部门审核。

（4）按照现场施工进度，报送工程进度至监理单位、审计单位、项目管理公司、业主单位审核。

（5）依据现场经济签证及工程变更编制预算并报送监理单位、设计单位、审计单位、项目管理公司、业主单位审核。

（6）工程竣工后完成工程竣工结算编制，报送监理单位、审计单位、业主单位确认后完成一审定案。后期配合审计局完成二审工作。

（7）工程中期及后期完成工程款收回工作，及时与财务沟通收回所报工程款。

（8）根据施工合同及经济标编制计划成本并上报主管领导审核。

（9）编制公司内部招标文件，完成人、材、机的招标工作。

（10）依据招标内容签订企业二级合同。

（11）根据现场完成进度情况收集工程量确认单等相关票据，对人、材、机进行成本结算。

（12）编制成本分析报送至上级部门审核。

（13）每个月与财务完成对账工作，找相关人员签字确认，确保工程成本与财务一致。

（14）按照管理制度要求对各类型合同、结算单分类整理归档形成相关台账。

（15）配合公司上市，提供相应资料，填写相关表格。

（16）配合集团公司政府置换债收款工作，收集二审定案单，落实财务决算情况，编制尾款进度，报送监理、项目管理公司及业主审核并完成收款工作。

（17）在金蝶系统中录入工程项目情况台账：工程进度、计划成本的各项成本金额、工程成本的实际结算金额。

（18）配合项目部人员完成部门的其他相关工作。

四、 后勤办公室主管（协助经理统一管理后勤各项工作）

职责

（1）全面负责办公室的日常工作。

①组织制订办公室年度、月度工作目标及工作计划，并组织实施。

②协助起草公司各项管理规章制度并监督实施。

③参与公司重大决策的研讨和制定。

④负责组织外事接待活动，妥善处理各种对外事务。

⑤审核、控制公司办公费用及接待费用。

⑥负责向有关政府部门的项目申报、年检、申领各类证照，完成批文手续等事宜。

（2）协调公司各部门之间的关系。

①负责组织各部门的信息传递工作，保证各部门信息沟通顺畅。

②协调各部门的工作行为，使工作流程顺畅，实现共同的战略目标。

③负责公司的年终总结工作，包括会议安排及跟催各部门编写总结报告。

(3) 负责公司对外形象宣传、公共关系和公司企业文化建设。

①代表公司与相关部门、上下级单位往来，保持与相关企业的良好合作关系。

②负责公司的对外工作，协调公司与政府部门及企业的关系。

③协助经理组织公司企业文化建设，提炼和宣传企业理念，负责各种活动的举办，促进员工凝聚力。

(4) 协助经理进行人员的招聘、任免等。

(5) 负责组织并统一协调公司招投标过程相关工作。

(6) 协助经理统管财务、采购、库房、后勤、伙食、考勤等工作。

五、 采购员

职责

负责材料的采购，主要是工程所需的苗木。条件要求：熟悉所在地区苗木的特性、产地、价格，有一定苗木供货资料。

(1) 及时了解材料供应市场苗木价格变化及产品品质情况，挖掘、收集新产品、新材料供应商的资料，熟悉各种物资的供应渠道，做到供需心中有数。

(2) 调查各部门物资需求及消耗情况，审核物资采购计划，报经理批准后组织实施。

(3) 参与大批量物资订货的业务洽谈，监督检查合同执行和落实情况。

(4) 严格控制采购成本，保证产品质量和供货商的合法性，确保公司物资的正常采购。

(5) 掌握工程的总计划及月、周计划，根据工程材料采购计划和现场工程变更情况按时供应，会同项目部对材料产品进行质量报验。

(6) 负责有关生产的材料询价，提供供应商和分供方的相关资质、质量及技术资料，参与采购谈判，负责所购材料、设备的跟踪服务。

(7) 在接到采购计划后，明确材质、数量和使用要求，及时询价并掌握库存情况，货比三家确定价格报经理批准后进行采购。

(8) 材料到达后立即和库管员、工程师、技术员办理入库验收，并完善相关手续。对购进不符合要求的材料，要立即解决，杜绝用在工程中。

(9) 根据计划代交项目现场的施工水电费、临时机械租用费、房租费和购买办公用品等费用。

(10) 对现场的物资和机具的租赁要交付到库，同时尽到提醒归还义务。

（11）完成领导交办的其他任务。

六、 库管员

每个项目现场需要库管员 1 人，前期 1 人，负责现场库房及材料的管理。

职责

（1）熟悉掌握常用物资的品种、规格、用途和性能及验收标准、规范。

（2）建好材料台账，做到账、卡、物相符，妥善保管原始账据。

（3）负责现场库房材料的防火、防盗工作，掌握基本防火知识及技能，及时采取措施，消除各种安全隐患，做好材料的堆放、防潮工作。

（4）负责材料的验收、保管、建档等工作。

（5）严格按材料发放制度进行材料的发放，对违反公司领料制度、超量领用材料等行为有权拒绝发料，并及时向主管上级汇报。

（6）负责对库房各种物资进行定期盘点，对项目部的材料进行库存核对，注明库存量。

（7）正确填写材料报表，按材料消耗定额控制现场材料合理使用。

（8）负责做好余料的回收工作。

（9）完成项目经理交办的其他任务。

七、 工长

每个项目 1 人，前期 1 人，主要负责绿化工人具体的工作安排、调配、安全，需要有一定的工人管理经验和绿化知识。

八、 绿化工人

根据工程量，每个项目工程需要 10～15 人，工程进度要求紧时可临时雇用。

项目工程师、技术员、工长、库管员、工人人数根据绿化工程的项目数量增加，前期人员共计 20～25 人。

市政园林绿化公司的基本组织结构如图 1-2 所示，市政园林绿化工程公司项目部组织架构如图 1-3 所示。

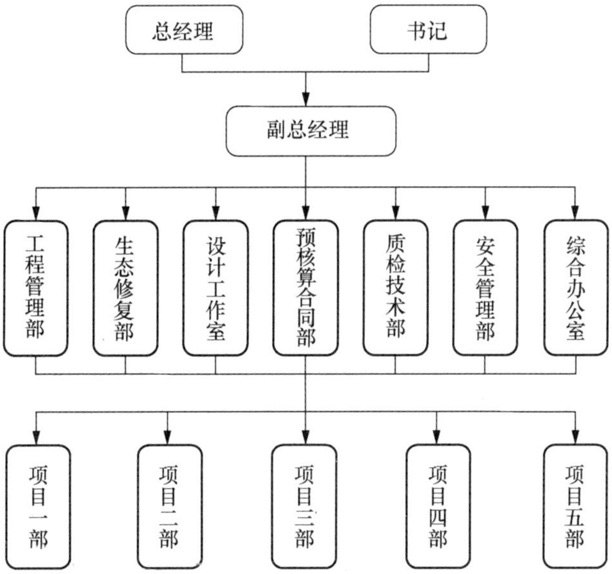

图 1-2　市政园林绿化公司基本组织结构

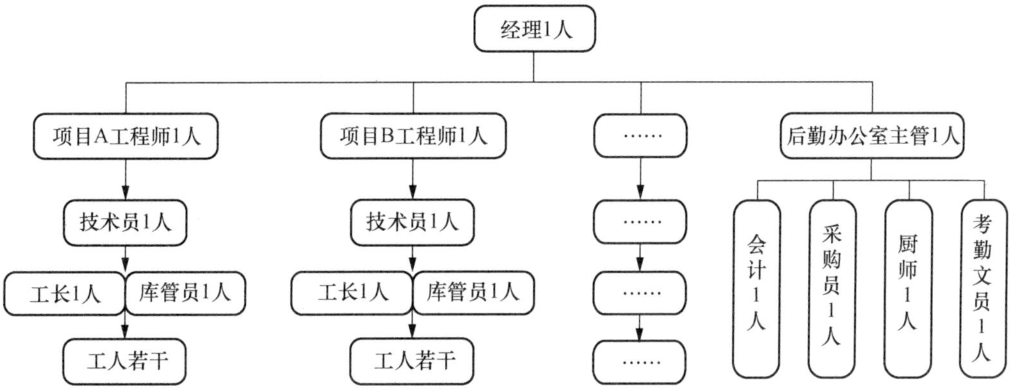

图 1-3　市政园林绿化工程公司项目部组织架构

第二节　我国园林工程公司的经营模式

一、业务承接

园林绿化企业通过已经建立的各种业务渠道、信息网络、公开信息和客户关系等，广泛收集景观设计、园林工程施工、绿化养护项目的信息，并由经营部业务专员进行跟踪工作，尽可能收集项目背景材料以及来自业主方的相关信息和要求。同时，由于知名企业在国内园林绿化行业已具有一定的知名度和良好的口碑，发包方在一些景观设计和工程施工项目招标时，也会主动向企业发出竞标邀请，园林绿化企业在全面了解发包方的要求，对工程的具体交工进度、技术质量要求和资金成本水平进行分析后，作出参与市场竞标的决策。园林工程承接流程图见图 1-4，工程采购流程图见图 1-5。

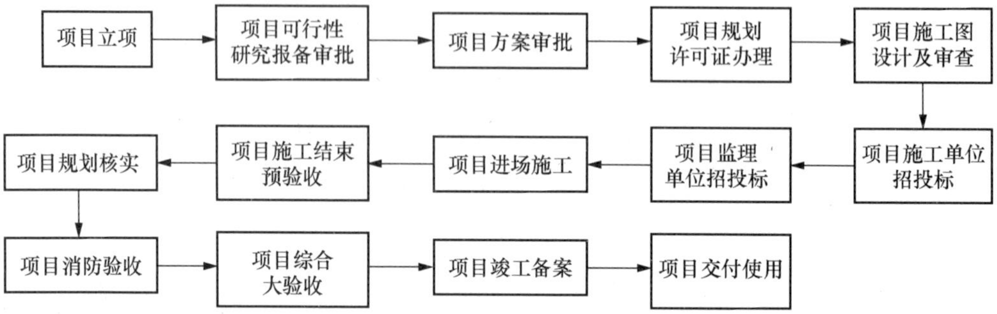

图 1-4　园林工程承接流程图

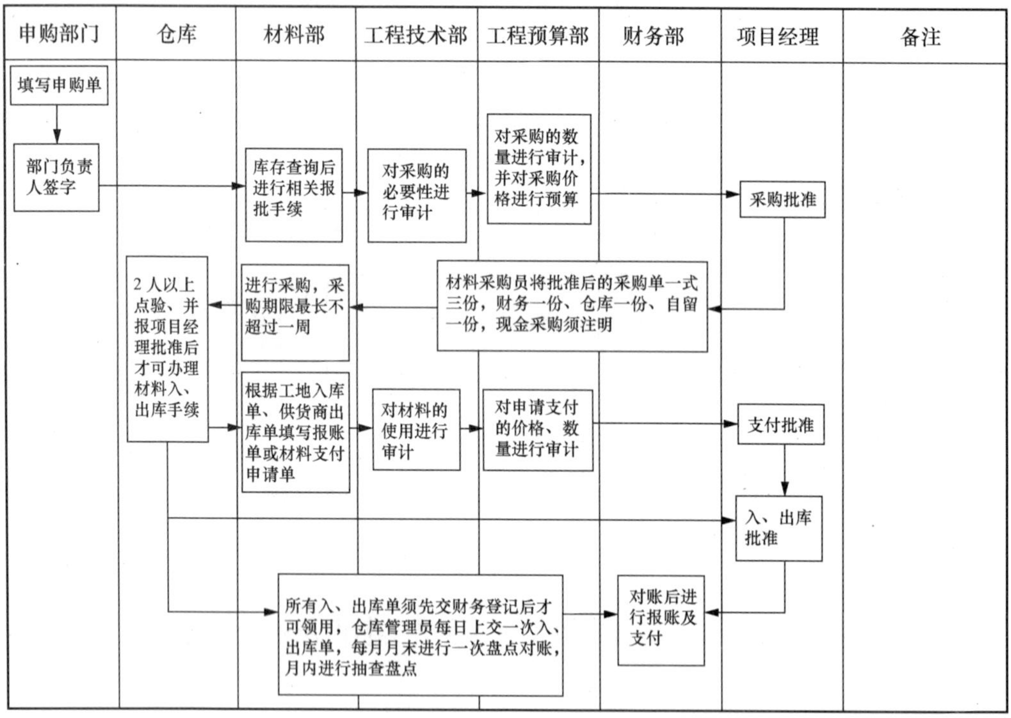

图 1-5　工程采购流程图

二、 组织投标

在确定承接工程后，园林绿化企业招标部门认真研究工程条件、工程施工范围、工程量、工期、质量要求及合同主要条件等，依次开展以下工作。

1. 调查投标环境

着重调查施工现场地理位置、地质条件、交通情况，现场临时供电、供水设施情况，当地劳动资源和材料供应、材料价格等各个方面，以确定投标策略。

2. 编制施工计划，制定施工方案

在核实工程量的基础上合理、规范、可行地制定施工方案，编制施工计划。

3. 编制投标文件

公司依据招标文件和工程技术规范要求，根据编制的施工方案或施工组织设计，计算投标报价和编制投标文件。

4. 投送投标文件

公司在规定的日期内将投标文件密封送达招标单位或其指定的地点。

5. 参与开标会议

公司按照规定的日期参加开标会议，参与竞标。

第三节　园林工程公司管理大纲

以某园林工程公司管理大纲为例。

为加强公司的规范化管理，完善各项工作制度，促进公司发展壮大，提高经济效益，根据国家有关法律、法规及公司章程的规定，特制订本管理大纲。

（1）公司全体员工必须遵守公司章程，遵守公司的各项规章制度和决定。

（2）公司倡导树立“一盘棋”思想，禁止任何部门、个人做有损公司利益、形象、声誉或破坏公司发展的事情。

（3）公司通过发挥全体员工的积极性、创造性和提高全体员工的技术、管理、经营水平，不断完善公司的经营、管理体系，实行多种形式的责任制，不断壮大公司实力和提高经济效益。

（4）公司鼓励员工积极参与公司的决策和管理，鼓励员工发挥才智，提出合理化建议。

（5）公司实行“岗薪提成制”的分配制度，为员工提供收入和福利保证，并随着经济效益的提高逐步提高员工各方面待遇；公司为员工提供平等的竞争环境和晋升机会；公司推行岗位责任制，实行考勤、考核制度（图 1-6），对做出贡献者予以奖励。

（6）公司提倡求真务实的工作作风，提高工作效率；提倡厉行节约，反对铺张浪费；倡导员工团结互助，同舟共济，发扬集体合作和集体创造精神，增强团体的凝聚力和向心力。

（7）员工必须遵守公司纪律，对任何违反公司章程和各项规章制度的行为，都要予以追究。

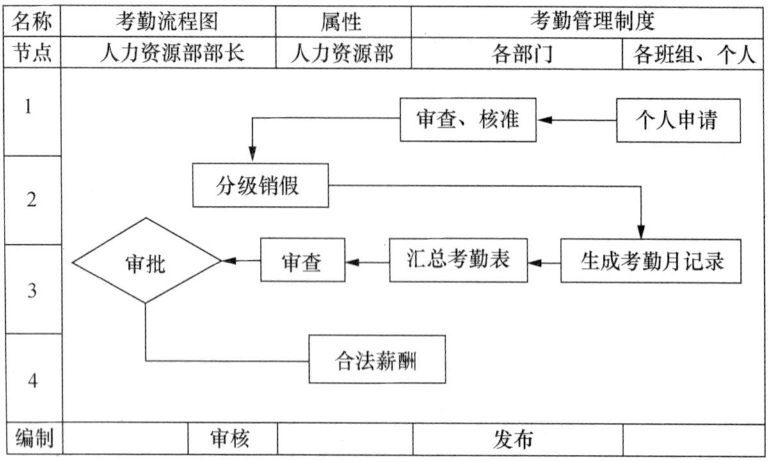

图 1-6 员工考勤流程图

第四节 安全生产管理制度

一、 安全施工管理制度

为认真贯彻国家有关法律、法规及公司的安全管理标准，强化安全管理，提高施工管理人员、施工操作人员安全意识，保障一线人员的人身安全和国家、集体财产免受损失，确保安全生产、及时处理安全事故，特制定安全施工管理制度如下。

1. 公司责任及义务

（1）开工前对项目人员进行安全教育，强化施工管理人员的安全生产意识。

（2）负责所属施工现场及生产施工过程中，安全生产的监督、检查。在生产中发现项目人员违章操作的行为，有权进行批评，对多次批评仍不重视安全生产的，进行经济上的处罚。

（3）负责对发生的安全事故进行调查，划分责任并提出处理意见。

2. 项目部责任及义务

（1）全体项目人员必须严格遵守国家法律、法规及公司制定的各项安全制度，全体管理人员应熟悉安全技术操作规程的要求，严格进行安全技术交底。

（2）对进入施工现场的施工队伍及施工人员进行安全生产、文明施工安全教育，对进场班组应登记，未经安全教育，不得上岗工作，否则发生事故将追究责任。

（3）项目部不得擅自招收未经过评审的施工队伍。施工现场严格按安全生产文明要求去做，不准施工队伍带家属、小孩及孕妇进住施工现场，违者将追究责任。

(4) 项目管理人员在施工生产过程中不得违章指挥、蛮干，对存在的安全隐患要及时处理，不得拖延或因种种借口顶着不办，否则发生事故，将从重处罚。

(5) 项目经理是项目承包责任人，同时也是安全生产第一责任人，要着力抓好施工现场的安全生产工作。安全员必须每天进行安全检查。

(6) 积极组织项目部安全生产检查，对本项目安全生产过程中存在的问题或隐患要及时进行整改，决不能手软，对整改不力者，要追究责任人的责任，严厉处罚。

(7) 项目部要贯彻好“安全第一，预防为主、综合治理”的方针，充分履行项目经理负责安全生产的职责，完成好责任书中的各项工作任务。

二、 文明施工管理制度

1. 建立健全安全文明检查小组

(1) 公司必须建立安全文明施工检查小组，组长由经理担任，副组长由书记、副经理担任，其成员由安全管理人员、施工管理人员、专职安全员组成。

(2) 在建工程项目必须成立文明施工现场小组，项目经理为第一责任人。

2. 文明施工检查

公司安全文明施工检查小组对在建工程每季度检查一次；项目部对在建工程施工现场每月检查一次；在建工程各班组每周检查一次。

3. 文明施工管理

(1) 施工现场达到三通一平，施工现场严格划分施工区和生活区，场地道路平整畅通，无积水。

(2) 施工现场应做到：

①随时清理建筑垃圾，保持施工现场的清洁卫生。

②设置临时厕所，保持施工现场无大小便。

③保持施工现场职工食堂卫生，厨师持健康证上岗，确保无食物中毒事件的发生。

④职工宿舍干净整齐，无异味，不超员。

⑤车辆出入工地前清理，不带泥土。

⑥各类机械设备、设施保持清洁。

⑦施工现场有条不紊、整洁卫生。

⑧各类建筑器材和施工材料合理堆放，排列整齐。

⑨做好建筑成品保护工作，避免恶意破坏行为。

⑩保持办公室卫生清洁，档案、资料存放整齐，妥善保管。

⑪非管理人员严禁出入库房。施工现场消防设施完善，避免火灾事故的发生。

4. 不扰民措施

(1) 增强防止环境噪声污染、保护和改善生活环境、保障人体健康、为社区居民着想的意识。

(2) 认真贯彻落实《建筑法》第四十一条规定，建筑施工企业应当遵守有关环境和安全生产的法律、法规的规定，采取控制和处理施工现场的各种粉尘、废气、废水、固体废物以及噪声、振动对环境的污染和危害的措施。

(3) 应遵守城乡建设规划的要求，防止噪声对周边居民生活环境的影响，做到建设项目在开工前，统筹规划合理安排好各种机械设备和手持电动工具的使用，防止或减轻环境噪声污染。

(4) 有效控制噪声，建立完善的不扰民措施，杜绝在工地焚烧有毒有害物质。对生产噪声大的机械设备，采取加设隔离罩、隔音设备等办法，噪声大的工作，尽量安排在白天或采取新工艺减轻噪声，保证居民晚上休息，做到施工少扰民、不扰民。

三、 施工现场消防制度

(1) 认真贯彻“谁主管、谁负责”的消防工作原则和“预防为主、防消结合”的消防工作方针，严格执行各项消防法规。

(2) 坚持对进入现场的所有职工进行集中组织学习消防知识和经常性地开展消防安全教育制度，提高全体职工的自防自救能力及消防意识，有效地防止火灾事故的发生。

(3) 加强施工现场用电规范化管理，严格使用明火审批制度，严禁违章操作，确保施工现场消防安全。

(4) 进入施工现场的易燃、易爆建筑材料，必须进行分库存放，并采取相应的消防安全措施，确保万无一失。施工现场与临时材料库房要留有消防间距，消防通道必须畅通无阻。

四、 环境保护管理制度

为贯彻落实国家、自治区、乌鲁木齐市关于加强环境保护工作的重要指示和安排部署，按照“全覆盖、零容忍、明责任、严执法、重实效”的总体要求，认真做好公司环境保护工作。根据《中华人民共和国环境保护法》（以下简称《环境保护法》）、《中华人民共和国大气污染防治法》《中华人民共和国水污染防治法》《中华人民共和国环境噪声污染防治法》《中华人民共和国环境影响评价法》《建设项目环境保护管理条例》《建设项目环境保护管理程序》《建设项目环境保护管理办法》《建设项目环境保护设计规定》和上级主管部门的相关规定和要求，制定此管理办法。

(1) 项目部要认真落实完善车轮冲洗、场地硬化、围挡密闭、物料覆盖、湿法拆迁等“七个百分百”配套设施的建设。认真学习领悟新《环境保护法》的有关规定。加强环境保护的教育和宣传，提高职工的环境保护意识，做到时时讲、处处说，使全体职工对环境保护工作高度重视。有针对性地制定各项目部的扬尘污染、空气污染、水污染、固体废弃物污染、噪声污染的环境保护预案。

(2) 施工现场沿工地周围设置连续围挡100%；施工现场的水泥、砂石等易产生扬尘的建筑材料覆盖率100%；施工现场主要出入口、主要道路硬化率100%；施工现场回填种植土，采取固化、覆盖、绿化等措施落实率100%；施工现场出场车辆冲洗设施及冲洗制度落实率100%；清运建筑渣土、建筑垃圾等运输车辆密闭化改装率100%。

(3) 严禁发生散装物料车沿途抛撒及乱倒建筑垃圾、渣土、树枝杂草等违法行为，严禁出现露天焚烧垃圾污染空气的行为。严禁将未净化、沉淀的施工用水排入排水管网，生活用水必须集中排放、不得随意倾倒，严禁将农药包装乱丢乱弃，要集中处理。

(4) 工地噪声必须控制在国家规定范围内，采取必要的降噪措施以降低噪声污染，夜间施工必须办理相关许可证，高考、中考等特殊时间段必须杜绝一切噪声源。

五、 安全、 文明施工检查及隐患排查制度

为了进一步加强对公司内部施工现场的安全生产管理，预防伤亡事故的发生，确保职工的人身安全和健康，消除和杜绝在生产中发生事故，及时发现隐患，保证施工生产井然有序，正常施工，现建立以下检查制度。

(1) 开展安全生产定期检查，必须有明确的目的、要求和具体计划，每季度至少开展一次。安全检查内容包括查制度、查管理、查现场、查隐患。节假日期间检查、季节性检查、复工检查，必须建立由公司经理、书记组织带队，安全管理人员、项目经理等参加的安全检查小组。

(2) 公司要在各自职责范围内，定期组织安全生产情况的监督检查，及时发现和消除各类事故隐患，尤其要加强对重大事故隐患的排查和监管。

(3) 对单位和个人通过各种途径上报的事故隐患，项目部应及时按规定进行查实，并认真协调、督促有关班组进行彻底整改。

(4) 对项目部上报的各类事故隐患，公司要按照职责分工，及时采取有效措施，并协调和督促有关单位或部门限期消除。

(5) 公司对重大隐患或一时难以解决的隐患，要及时采取必要的临时安全措施，并立即上报园区事业部，由园区事业部主管领导负责协调解决。

(6) 安全检查要有记录，查出隐患应限期、限人整改，必须有整改措施，跟踪落实，整改完毕要有验收记录。查出隐患不及时整改的，要进行经济和行政处罚，并做好记录（表1-1）。

表 1-1 安全检查记录表

检查范围： 检查时间：

序号	检查项目	要求	检查结果	建议及措施	备注
1					
2					

组长： 副组长： 成员：

要求各项目部要狠抓落实，常抓不懈，不走过场，真抓实干，抓出效果，并要全面检查与抽查相结合，前面检查与后面复查相结合，检查成员为安全检查小组成员。

对未按照职责进行认真监管或未按规定上报的各类事故隐患，发生问题，按有关职责及严重程度严肃处理。

全面贯彻落实科学发展观和“安全发展”指导原则，坚持“安全第一、预防为主、综合治理”方针，按照“排查要认真、整治要坚决、成果要巩固、杜绝新隐患”的总体要求，进一步加大安全隐患排查治理力度，建立安全生产隐患排查治理长效机制，强化安全生产主体责任，加强事故隐患监督管理，防止事故发生，保障人民群众生命财产安全，促进安全生产形势持续稳定好转。

六、 安全生产教育培训制度

广泛开展安全生产的宣传教育，使广大职工真正地认识到安全生产的重要性和必要性，懂得安全生产、文明生产的科学知识，牢固树立安全第一的思想，自觉地遵守各项安全生产法令和规章制度。

(1) 新工人（包括合同工、实习生）必须进行入厂安全教育。教育内容包括安全技术知识、设备性能、操作规程、安全制度和严禁事项。

(2) 电工、机械工和各种机动车辆司机等特殊工种工人，除进行一般安全教育外，还要经过工种的安全技术教育。

(3) 公司每年要组织职工进行一次安全技术教育学习，并要形成学习记录。

(4) 按规定对“三新”人员进行三级教育，一级教育由公司安全管理部负责，二级教育由各项目部负责，三级教育由工（班）长负责，并按国家规定的内容及要求进行教育后，方可上岗。

(5) 项目安全领导小组及安全员，要经常对项目部管理人员以及劳务队施工人员进行安全宣传教育，不断提高项目所有人员的安全意识和防范能力。

（6）每个工程开工前，项目部要结合本工程的具体情况，对全体施工人员进行一次总体安全教育，再依据施工阶段、工序工艺要求，及时下达安全措施和安全技术交底。

（7）特种作业人员除参加项目部及公司组织的安全教育外，还须参加经国家授权机关组织的安全技术培训、考试、取得上岗资格，持证上岗，并接受定期复审。

入职培训专题3
园林工程企业人力资源建设与个人职业生涯发展规划

第一节　我国园林工程公司人力资源建设

以某园林公司的人力资源建设为例。

一、 职务设置与人员配置

根据公司2019年发展计划和经营目标，办公室协同各部门制定了公司2019年的职务设置与人员配置。2020年，根据发展的实际需要，公司的职能部门不变仍为4个，分别为“合同预算部、工程部、办公室、财务部”；其中副总经理负责管辖各个职能部门，财务部由总经理直接管辖，具体职务设置与人员配置如下。

（一） 决策层（5人）

董事长兼总经理1名、副总经理3名、总工程师1名。

（二） 办公室（7人）

办公室主任1名、人力专员2名、行政文员1名、司机3名。

（三） 财务部（6人）

财务部经理1名、会计1名、出纳1名、采购主管1名、采购员1名、设备管理员1名。

（四） 合同预算部（5人）

部长（经理）1名、市场开发3名、内务1名。

（五） 工程部（52人）

部长（经理）1名、高工8名、工程师9名、助理工程师14名、质检员7名、安全员 9 名、资料员 3 名，预算员 1 名。

二、人员招聘

（一）招聘需求

根据 2020 年职务设置与人员配置计划，公司人员数量应为 75 人，到目前为止公司只有 70 人，还需要补充 5 人，具体职务和数量如下：

部长（经理）1 名、助理工程师 3 名、预算员 1 名。

（二）招聘方式

社会招聘和学校招聘。

（三）招聘策略

学校招聘主要通过参加应届毕业生洽谈会、在学校举办招聘讲座、发布招聘张贴、网上招聘等四种形式。

社会招聘主要通过参加人才交流会、刊登招聘广告、网上招聘等三种形式。

（四）招聘人事政策

1. 本科生

（1）转正后工资 3 000 元，其中基本工资 2 200 元、住房补助 200 元、社会保障金 600 元（养老保险、失业保险、医疗保险等），试用期基本工资 2 200 元。

（2）考上研究生后协议书自动解除。

（3）签订三年劳动合同，试用期三个月。

2. 研究生

（1）转正后工资 4 000 元，其中基本工资 3 000 元、住房补助 400 元、社会保险金 600 元（养老保险、失业保险、医疗保险等）。试用期基本工资 3 000 元，满一个月有住房补助。

（2）考上博士生后协议书自动解除。

（3）签订三年劳动合同，试用期三个月。

（4）公司资助员工攻读在职博士。

（5）成为公司骨干员工后，可享有公司股份，具体操作办法由公司董事会提议，经公司股东会通过后实施。

（五）风险预测

（1）由于计划生育，大部分家庭均为独生子女，家庭教育有可能偏于溺爱，吃苦耐劳的精神不足，学校注重文化教育，不够重视素质和道德教育，可能会增加招聘到有文化、有素质、有道德人员的难度，在面试时应认真斟酌，可以降低风险。

（2）由于市场竞争比较激烈，前期市场开发可能会达不到预期的盈利额度，从而增加了工资支出，增加了公司的营运成本。因此 2020 年 3 月前只招经营主管部长 1 名、市场开发 1 名，根据发展状况逐步增加。

三、 选择方式调整

人员选择实行了面试和笔试相结合的考查办法，取得了较理想的结果。

2020 年继续完善人员的选择程序，加强素质、道德的考查，在招聘集中期，采用“合议制面试”，改原来的部门经理单独面试方式为总经理、主管副总、部门经理共同参与面试，以提高面试效率。

四、 绩效考评政策调整

2019 年开始，公司对员工进行绩效考评，每位员工都有考评记录。另外，在 2023 年对工程部进行标准化的定量考评。

2023 年，绩效考评政策做以下调整。

（1）建立考评沟通制度，由直接上级在每月考评结束时进行考评沟通。

（2）建立总经理季度书面评语制度，让员工及时了解公司对他的评价，并感受到公司对员工的关心。

（3）在工程部试行“标准量度平均分布考核方法”，使开发人员更加明确自己在开发团队中的位置。

（4）加强考评培训，减少考评误差，提高考评的可靠性和有效性。

（5）优化了员工绩效考评表。

五、 培训政策调整

公司培训分为岗前培训、管理培训、岗位培训三部分。

岗前培训在 2014 年已经开始进行，管理培训和技能培训从 2015 年开始由办公室负责。

在 2020 年，培训政策将做以下调整。

（1）加强岗前培训。

（2）负责培训工作的人员与公司专职管理人员合作开展，不聘请外面的专业培训人员。该培训分管理层培训和员工培训两个部分，重点对公司现有的管理模式、管理思路进行培训。

（3）技术培训根据相关人员申请进行。采取公司内培训和聘请培训教师两种方式。

六、 人力资源预算

（一） 招聘费用预算

（1）交流会费：参加交流会 3 次，每次费用 500 元，预算 1 500 元。

(2) 宣传材料费：50 元。

(3) 报纸广告费：400 元。

(二) 培训费用

2014 年实际培训费用 500 元，按每年 20%递增，计算可得 2020 年预计培训费用。

(三) 社会保障金

2014 年社会保障金共交纳 21 000 元，按每年 20%递增，计算可得 2020 年预计社会保障金。

第二节　园林工程企业个人生涯发展规划

以某位园林专业学生为例，对近期、中期以及长期的学业和职业生涯进行分析和规划。

一、自我分析

(一) 优点

心态乐观，喜交朋友，乐于助人；抽象思维能力、求知欲强，乐于思考；仔细认真，讲求实际，注重事实，有责任心。能够合情合理地决定应做的事情，并坚定不移地完成，不受外界干扰而分散精力，做事有次序、有条理。不管是工作上、家庭上还是生活上，重视传统和忠诚。安静、勤奋，对于细节有很强的记忆和判断。能够准确引证事实支持自己的观点，把过去的经历运用到如今的决策中。重视利用符合逻辑、客观的分析，坚持不懈地准时完成工作，且安排有序。

(二) 缺点

适应能力较慢，有时做事之前犹豫不决考虑很久，只看到事物的黑白两面，而看不到中间的灰色地带；对职业而言，社会经历不足。

(三) 兴趣

凡是新颖、有创意的人和事都有广泛兴趣。平时爱看书看科普杂志，喜欢绘画，欣赏音乐，打篮球、乒乓球和羽毛球。

(四) 能力

在校期间，担任过宣传委员、文娱委员等职务，在学校和班级活动中积累了一定组织和设计创意方面的经验，有一定组织协调、交际能力。

自我分析小结：作为园林专业的学生，我具备了对该专业的学习兴趣和个人能力。当今社会对从业人员的期望值普遍提高，不仅要有扎实的专业知识，还要有创新的思维方式。为此，我还要在这方面努力学习，不断训练，提升自己。

二、职业分析

（一）家庭分析

我来自农村，父母已年过半百，身体欠佳，家庭经济收入不高。父母希望我能够找到一份比较稳定的工作，为家庭分担一些经济压力。家中只有我一个人是大学学历，父母供我上大学是真的不容易，我肩上的责任和压力是比较大的。我没有理由不努力。

（二）学校环境分析

我就读的是××××职业技术学院。作为一所以建设类专业为主的高职院校，始终以主动服务区域经济和建设行业发展需求为己任，探索并建构了特色鲜明的“依托行业，校企合作、工学结合”的人才培养模式，建立了“校企联动”的“五共”模式。紧贴市场需求，铸造建筑特色的专业品牌。建构了工学结合的课程体系，全面建设了“基于工作过程”的优质核心课程、网络课程和特色教材，提高了学生的职业能力。大力推进校企合作，积极开展顶岗实习，科学构建了实践教学体系。学校现开设25个专业，构建了以土建类专业为主体，兼顾电子信息、财经、环保、艺术设计等专业类别的专业体系，以5个重点专业为龙头的5个专业群。现有省级示范性专业1个；省级精品课程2门；国家教指委精品课程2门。校内实训基地27个（其中中央和省级实训基地2个），校外实训基地352个。设有广东省建筑职业技能鉴定站等多种培训机构，大力推行“双证”教育。学生获取“双证”率达到80%以上。近年来，学院教师主持或参与各类教科研项目130项。其中，主持国家级课题子课题1项并获优秀子课题；主持省级课题26项；2项教改项目被列为省高等教育教学成果奖培育项目；获省教学成果奖2项。学院按照“立足广东，面向全国，依托行业，服务城乡”的办学定位，确立了建设成为在广东省内外有一定影响的建设类优秀高等院校的发展目标。

（三）社会环境分析

1. 就业形势

大学毕业生是社会人力资源中宝贵的一部分，其就业问题已引起社会的极大关注，激烈的职场竞争形成的就业难已成为大学毕业生的共识。如何在激烈的职场竞争中成为胜手呢？首先要破除旧的就业观念，建立适应时代发展的新的就业观念。只有这样，才能高瞻远瞩、运筹帷幄，在求职竞争中成为强者。

2. 就业政策

国家的就业政策是：①鼓励高校毕业生到基层、到中西部地区就业。②鼓励高校毕业生应征入伍服兵役。③积极聘用优秀高校毕业生参与国家和地方重大科研项目。④鼓励和支持高校毕业生到中小企业就业和自主创业。⑤强化对困难家庭高校毕业生的就业援助。

3. 竞争对手

自己的主要竞争对手是本科生。他们的专业知识略精深，知识面稍广，技术技能扎实，并懂得持续进行自我培训。

（四） 职业环境分析

1. 行业分析

随着人们生活质量、生活水平的不断提高，绿化及生态环境成为新追求，不仅房地产开发企业在市场竞争中竞相打起了“绿化牌”“景观牌”和“生态环境牌”，一些企事业单位也越来越注重环境景观设计，使之“既要与城市环境协调，又要让员工和客户舒畅”，那些既懂得园林绿化景观设计和花卉苗木养护，又懂得“绿色经济”经营管理的人才具有广泛的就业前景。当今世界城市化和花卉产业的兴起，更促进了园林事业的发展。风景园林专业是培养适应将来城市环境美化要求及开展花卉产业所需人才的专业，随着经济的开展和人们对精神生活要求的进步，社会对此类人才的需求越来越多，要求越来越高。社会急需大批优秀的风景园林专业人才。

2. 职业分析

（1）园林设计。应届毕业生不好就业，大部分单位需要的是有工作经验的人员。但是前景不错，一般在广州、上海等城市有 2～3 年工作经验以后基本可以拿到 5 000～6 000 元。所以学设计的学生刚就业时要调整好心态，不要太着急。拟从事设计的学生一般不建议考研究生，因为学历高低没有明显的区别，主要决定于工作能力。

（2）园林植物。栽培或养护跟设计有一点相似。如果想进设计公司做植物配置最好也要有一定的工作经验。如果是拟从事研究或者做老师建议考研。

（3）园林施工。对经验要求不是很高，但一般要进入工地，因此，要做好吃苦的心理准备，如果不能接受，那么建议不要从事这个行业。

（4）园林监理。现在的园林监理公司工作相对轻松、工作压力不大，但是一般工资不高。

（5）园林预算员。要求持有预算员或者二级建造师的资格证书，进入岗位后一般需要跟师傅学习 2～3 年才能独立工作。

（6）园林生态。一般是进行学术研究或者做老师，所以建议考研深造。

3. 企业分析

目前随着社会经济的发展，不论是市政环境还是房地产小区，对景观都比较重视，毕业后可以考公务员到园林局，可以到设计院，可以到地产公司或科研院所等单位。

4. 地域分析

不考虑在北方工作，因为考虑到两处的文化有所差异，现在学到的知识在北方有可能不通用。

职业分析小结

根据目前国家的社会经济发展形势，人居环境和生态环境空前受到重视，人们生活品质的提高需要大量的园林人才，因此，园林专业是高校中最热门的专业之一。毕业后从事的工作是规划设计、施工管理、资料员和预算员等，收入也是很不错的。

三、 职业定位

综合第一部分（自我分析）及第二部分（职业分析）的主要内容得出本人职业定位的 SWOT 分析和结论见表 1-2 和表 1-3。

表 1-2 本人职业定位的 SWOT 分析

内部环境因素	优势因素（S）	弱势因素（W）
	对植物感兴趣、喜欢设计	做事不够细心，知识面不够广
外部环境因素	机会因素（O）	威胁因素（T）
	社会对优秀的园林专业人员的急需	社会上优秀人才多，竞争大

表 1-3 本人职业定位的 SWOT 分析结论

职业目标	从事园林预算员工作
职业发展策略	进入市政园林企业或建设局、规划局
职业发展路径	工程师系列
具体路径	预算学徒—预算员—中级工程师—高级工程师

四、 计划实施

计划实施一览表见表 1-4。

表 1-4 计划实施一览表

计划名称	时间跨度	总目标	分目标	计划内容（参考）	策略和措施（参考）	备注
短期计划						
中期计划						
长期计划						

五、 评估调整

职业生涯规划是一个动态的过程，必须根据实施结果的情况以及因应变化进行及时的评估与修正。

（一） 评估的内容

1. 职业目标评估（是否需要重新选择职业？）

假如一直得不到单位的认可提升，那么我将重新选择职业。

2. 职业路径评估（是否需要调整发展方向？）

当设计出现止步不前的时候，我就转管理方向。

3. 实施策略评估（是否需要改变行动策略？）

如果我的行动策略行不通时，我就根据自己的实际情况重新调整。

4. 其他因素评估（身体、家庭、经济状况以及机遇、意外情况的及时评估）

如果收入与自己的工作付出价值不相符或工作存在着某些危害健康的隐患时，我会思考是否转单位。

（二） 评估的时间

一般情况下，我定期（半年或一年）进行评估规划，具体如下。

1. 短期目标××—××年

大一，获得计算机二级证书、英语四级证书，熟练掌握 Photoshop、CAD、Sketchup 等绘图软件。大二，顺利完成所有课程，熟练掌握造价方面软件（如广联达）。大三，到园林公司实习，充分运用所学知识，同时注重积累经验，打好根基。

（1）在校期间课上认真听讲，学好专业知识，多和教师、同学讨论交流。

（2）课下努力学习，多阅读关于设计方面的书籍。除了多读，还要开阔自己的眼界，增长见识，积累经历，积极参加各种活动和比赛，做到不浪费课余的时间。

（3）广交朋友，积极参加课余活动，建立良好的人际关系；工作中积极与上司、同事沟通交流，锻炼自己的交际能力。

2. 中期目标××—××年

成为助理景观设计师，报读本科课程，获得本科文凭，并进入对口单位，积累工作经验，提高专业水平。

3. 长期目标××—××年

成为高级工程师，能做出成熟的园林景观方案，积累人脉，获得信誉；根据已有的基础，修读有关建筑设计的相关规定和条例，争取考二级建造师和一级建造师。

当出现特殊情况时，我会随时评估并进行相应的调整。

（三） 规划调整的原则

根据实际，合理调整；面临变化，及时选择；抛弃死板，与时俱进。

对于职业生涯道路的选择、人生目的的修正都是伴随着个体的不断成长而随之评估、修正，并进展反响的，这种评估和反响贯穿职业生涯的整个过程，使之更加符合个人的长期发展，更加有利于一个人聚集智慧发挥优势，获得职场的成功。

随着年龄的增长和经历的增加，对于原来方案的目的会提早或推延施行，但每一步都要认真走好，成功是每天前进一步，总有一天就能看到积累下来的是有用的！任何目的，只说不做到头来都会是一场空。一个人，假设要获得成功，必须拿出勇气，付出努力、拼搏、奋斗。成功，不相信眼泪；将来，要靠自己去打拼！实现目的的历程需要付出艰辛的汗水和不懈的追求，不要因为挫折而畏缩不前，不要因为失败而一蹶不振；要有屡败屡战的精神，要有越挫越勇的气魄；成功最终会属于你的，每天要对自己说："我一定能成功，我一定按照目的的规划行动，坚持直到成功的那一天。"既然选择了、认准了是正确的，就要一直走下去。

【学徒任务】

请借鉴上述内容，制定本人的职业规划。

职业环境分析	
优势因素（S）	
弱势因素（W）	
机会因素（O）	
威胁因素（T）	

项目	主要内容	实现途径	备注
短期目标			
中期目标			
长期目标			
规划调整情况			

入职培训专题 4
园林工程企业财务管理

第一节 园林工程公司财务制度

一、 财务管理

（一） 报销票据使用及粘贴

采用公司统一印制的“费用报销单”规范粘贴，粘贴过程中应按项目名称、费用性质（如交通费、住宿费、餐饮费、招待费、办公费等）分类粘贴，经办人在填写“费用报销单”时，应遵照“实事求是、准确无误”的原则，将费用的发生原因、发生金额、发生时间等要素填写齐全，并签署自己的名字，有共同参与人员的由参与人共同签署姓名。“费用报销单”的填写一律不允许涂改，并保证费用金额的大、小写必须一致，否则无效。财务报销流程见图 1-7，借款/借支单流程见图 1-8。

（二） 报销程序

费用报销人申请报销—报销人部门负责人确认签字—会计审核—财务负责人审核—公司总经理审批—出纳复核并履行付款。上述流程为公司各项费用报销的既定程序，各项事务的报销均需要遵照上述流程操作，否则财务部有权拒绝签字和付款。

当月发生的费用必须在次月 2 日前报销完毕，对超过期限仍未办理报销的费用按下述情况处理，如有借款则在发放工资的当月进行扣除，如无借款则必须写明原因并经总经理批准后方可办理费用报销手续。任何部门和个人没有收取款项的权利，更不得坐收坐支。

流程图	说明	权责部门
报销人填写“费用报销单”并粘贴“原始凭证单据”	1. 如果没有特殊原因在取得票据3 d内填写“费用报销单”进行报销。 2. 报销人要按照规定认真填写“费用报销单”。所填写的项目为：日期、用途、金额、合计、金额大写、报销人等。 3. 报销交通费需在“费用报销单”上注明乘车路线。 4. 发票、报销原始单据贴在粘贴单上，然后粘贴“费用报销单”。 5. 若有要事说明则在备注填写	相关部门人员
项目负责人审批 N 单据齐全 Y	1. 相关人员提交给项目负责人审核签字。 2. 项目负责人必须对以下方面进行审核： （1）费用产生的原因及真实性； （2）费用的合理性； （3）票据及单据的规范性； 若发现不符合要求，立即退还相关报销人员重新整理提报。 3. 若有要事说明则在备注填写	项目负责人
财务部负责人复核	1. 财务部门人员要仔细审核报销人填写格式是否符合要求。 2. 仔细审核报销人的金额和计算是否正确。 3. 审核有无报销人和负责人的签名。 4. 对不符合上述要求的“费用报销单”则退回报销人	财务部门
项目总经理审批	1. 项目总经理接到“费用报销单”后首先关注是否有直接负责人和财务人员的签名。 2. 若有则审阅内容。 3. 若同意报销则在报销单上写“同意报销”并签字。不同意则退回财务人员交还报销人	项目总经理
出纳审核付款 入账结束	1. 出纳需要先关注有无项目总经理签字同意报销。 2. 仔细审核报销人金额填写计算是否正确。 3. 出纳随后签名根据“费用报销单”总金额支付给报销人	财务部出纳

图 1-7 财务报销流程

二、 工程用款管理制度

（一） 分包工程用款

原则上采取中途预借、竣工后一次结算。

1. 中途预借款项支付程序

（1）承包单位提出借款申请，并填写工程预借款审批表。

（2）项目部工程人员根据承包单位的进度情况审核借款额度，签注意见后报项目经理复核。

（3）项目经理签注意见后报预算部复核。

（4）预算部复核后报主管副总审核。

流程图	说明	权责部门
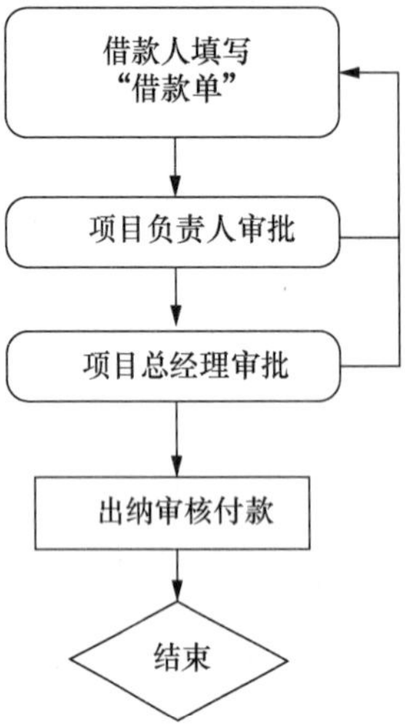	借款人要按照规定认真填写“借款单”。所填写的项目为：日期、部门、借款原因、金额、借款人等	相关部门人员
	1. 相关人员提交给项目负责人审核签字。 2. 项目负责人必须对借款原因进行审核；若发现不符合要求，立即退还借款人	项目负责人
	1. 项目总经理接到“借款单”后审核借款原因及金额。 2. 若同意借款则在“借款单”上签字，不同意则退回借款人	项目总经理
	1. 出纳需要先关注有无项目总经理签字同意借款。 2. 仔细审核借款人金额填写是否正确。 3. 出纳随后签名并根据“借款单”金额支付借款人	财务部
	…………………………………………… ……………………………………………	………… …………
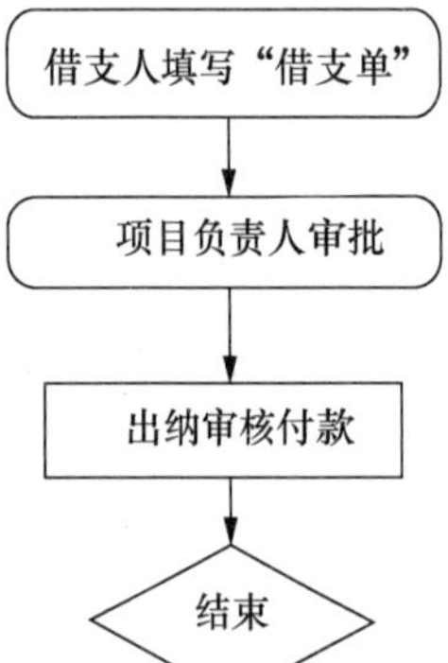	借支人要按照规定认真填写“借支单”。所填写的项目为：日期、部门、借支事由、金额、借支人等	相关部门人员
	1. 相关借支人员提交“借支单”给项目负责人审核签字。 2. 项目负责人必须对借支事由进行审核；若发现不符合要求，立即退还借支人	项目负责人
	1. 出纳需要先关注有无项目负责人签字同意借支。 2. 仔细审核借支人金额填写是否正确。 3. 出纳随后签名并根据“借支单”金额支付借支人	财务部

图 1-8 借款/借支单流程

（5）主管副总审核签署意见后报总经理审批。

（6）财务部根据最终审批情况进行款项支付。

2. 竣工结算程序

（1）分包工程竣工后由项目经理确认工程量，并提出竣工结算申请报工程部经理。

（2）工程部经理报主管领导同意后会同财务部、预算部、采购部共同进行工程量复核。

（3）工程量复核后由参与部门人员及承包方共同填写工程验收决算单。此决算单一式五份，分别由工程部、财务部、预算部、采购部及承包方留存。坚决杜绝事后不签行为。

（4）财务部根据工程决算单及施工合同核算其工程款项，并依据前期所预借款项编制付款计划报主管领导审核。

(5) 财务主管领导审核后呈报总经理进行审批。财务部依据总经理审批意见，按照工程款项支付程序进行付款。

（二） 工程物资采购用款

工程物资采购用款由公司总经理批准支付，按以下工程物资采购用款支付审批工作流程执行。

(1) 采购部提出付款申请，并填写工程物资支付审批表。

(2) 项目经理根据工程物资验收入库单签署意见。

(3) 工程部经理根据现场施工情况进行复核并签署意见。

(4) 预算部审核并签署意见。

(5) 财务部根据工程物资采购合同和验收单进行票据及金额的审核后，报公司总经理审批。

(6) 公司总经理审批同意后由财务部对外付款。

工程物资必须严格验收并填写验收入库单一式四份，分别由项目部、采购部、财务部、供货商留存。坚决杜绝事后不签的行为。

（三） 机械使用费

机械使用费由公司总经理批准执行，其程序按以下流程执行。

(1) 由项目部提出付款申请，填写“机械使用费支付申请表”。

(2) 项目部经理根据项目部相关人员所做的机械使用记录签署意见。

(3) 工程部经理根据施工实际情况进行复核并签署意见。

(4) 工程部经理提交预算部复核。

(5) 项目部所提供的机械使用记录单、票据及金额审核后报公司总经理审批。

(6) 公司总经理审批同意后由财务部对外付款。

机械使用记录由项目部按照规定期限进行备案登记汇总，并报财务部作为日后支付款项的依据。

（四） 劳务费（非分包项目）

劳务费（非分包项目）由公司总经理批准执行，其程序按以下流程执行。

(1) 由项目部编制劳务费工资明细表，在工资发放前五日将工资明细表报公司工程部进行核对（如项目部离公司总部较远可用电子邮件的形式上报）。

(2) 工程部核对后将工资表传递至预算部进行复核。

(3) 预算部审核后报总经理审批。

(4) 财务部根据总经理批示将款项划拨至项目部。

(5) 项目部在工资发放后将签字后的工资表报财务部。

(6) 对于中途离职的劳务工可由项目经理批准后暂行垫付，并在当月工资表中注明情况。

劳务工资明细表必须要附有工资所属月份的考勤表。

三、 公司差旅费管理制度

（1）公司员工因公司业务所需到本市范围以外地区执行公务可享受差旅费补贴。

（2）公司员工出差交通工具按照下述原则执行：公司员工出差行程在 6 h 以上乘坐火车（硬卧），此外乘坐大巴。

（3）公司员工出差期间，住宿费用及补贴按以下规定执行。

①房租标准　一般员工：180 元/d，公司部门经理：300 元/d，公司总经理及副总级别：400 元/d。如房租费未达到公司规定标准的按照实际支出进行报销。

②出差补贴　在省内出差，一般员工：60 元/d，公司部门经理及以上领导人员：80 元/d;在省外出差，一般员工：80 元/d，公司部门经理及以上领导人员：100 元/日。

③公司员工出差来回车费实报实销，出差地的城区交通费不再单独报销，一并含入出差补贴中。

公司员工出差可根据实际情况经财务部负责人审批同意后先行到财务部预借差旅费，出差返回后必须在三日内按照公司规定办理结算手续。

四、 办公费、 会议费及业务招待费管理制度

（1）办公用品由各部门提交所需用品名称、数量、规格给公司行政部后勤主管，原则上由后勤主管统一采买，工程类用品由项目经理根据具体采买情况安排购买。费用报销时必须附购买清单。

（2）会议费：由会议发起部门进行申请，批准后开具票据报销。

（3）业务招待费：只有公司领导具有招待权利和费用报销资格。

五、 工程成本管理制度

财务部负责工程成本的总控制工作。

（1）参与有关工程经济合同的谈判工作，及时准确地了解公司各项工程成本的构成及用款计划。

（2）负责工程进度款的复核工作，参与工程造价的确定和最后决算的审定工作。

六、 财产管理制度

1. 公司财产范围

凡公司购入或自制的机器设备、动力设备、运输设备、工具仪器、管理用具、房屋建筑物等，使用年限在一年以上的应列为固定资产。

2. 财产核算

公司财务负责公司所有财产的会计核算。

（1）公司各施工工地使用机器设备、动力设备、工具仪器等由采购部归口管理。

（2）行政部和采购部应指定专人负责公司财产的业务核算，应设立台账，登记公司财产的购入、使用及库存情况，负责组织公司财产的保管、维修并制定相应的措施、办法。

3. 财产的购置与调拨

（1）行政部根据公司发展需要编制财产采购计划及进行市场询价工作，经财务部会签，报公司总经理批准后方可采购。

（2）财产购回后，应填写财产入库验收单，一式三联。财务部凭财产入库验收单、财务发票及采购计划办理报销手续，财产归口管理部门凭验收单登记台账。

（3）各部门需领用固定资产时，应填写领用单，领用单需经部门经理同意，报行政部审核，主管领导批准。

第二节　工程部财务一般流程

一、项目施工财产流程

（1）工程部助理根据门店发送的工程施工申请单，生成工程施工确认单、工程收方验收单。确认单与验收单在施工前交施工小组，施工小组到达施工现场需与客户确认施工方案，并要求客户在施工确认单甲方栏签字确认。

（2）工程部助理根据工程施工确认单与公司施工用料标准填制材料出库单（注明提货车辆信息）。制单人签字后交由库管发货。送货司机在出库单收货人处签字确认货物明细。工程部助理根据库管、司机签字后的出库单登记工程部项目领料明细表，交公司财务。

（3）工程部助理应根据门店施工申请单上注明货到现场收进度款的金额填开收据，一式两联，一联留底、一联交由司机至客户处收款。收款方式尽量采取刷卡收取，司机将客户签字后的POS单交回工程部助理处，工程部助理将收据的财务联与POS单一同交至公司财务。如收取现金的，应将现金交回工程部助理处，由工程部助理统一存入指定账户并及时通知出纳查收。收据财务联与现金存款凭条一同交至公司财务（可多张收据一起存款）。

（4）施工小组施工完毕后，需按实际施工面积进行收方验收，在填写收方验收单时，严格按照施工的区域、位置、色号肌理、收方尺寸、面积、单价、金额填写，若有减项要注明减项位置。计算出合同总款后，收取客户尾款。尾款收取方式尽量采取刷卡收取，施工小组将客户签字后的 POS 单交回工程部助理处，工程部助理补开收据，将收据财务联与 POS 单交至公司财务。如收取现金的，施工小组应将现金交回工程部助理处，由工程部助理补开收据，现金统一存入公司指定账户并及时通知出纳查收。收据财务联与现金存款凭条交至公司财务（可多张收据一起存款）。

（5）工程部助理应于每个项目施工完毕后编制工程部施工小组工资明细表、施工项目统计表，并将客户签字确认后的工程施工收方单在 2 d 内扫描至公司财务。按月将施工项目统计表报送至各门店店长。

（6）施工小组施工完毕如有未使用的材料，应将其退回库房，由工程部助理填制材料入库单。

（7）工程部助理应于每月 8 日前与财务核对施工项目统计表、工程部项目领料明细表。

二、 工程部支出

工程部的支出包括办公费用、业务费用、工资三个大类。

（一） 办公费用和业务费用——借支单、 费用报销单、 工程部支出汇总表

（1）工程部的大额项目费用支出需向公司申请借款的，应提前告知公司财务，由经办人填写借支单，借支日期、借支人姓名、借支事由、金额大小写，借支人必须填写清楚，交工程部经理审核。工程部经理同意后交公司财务复核，总经理审核。严禁使用项目款支付工程部费用。

（2）工程部办公费用包括：办公用品、房租、物管、水电网络、装修摊销；业务费用包括：差旅费（异地项目住宿、餐饮、交通）、交通费、招待费、机器维修费、租赁费、辅料费、人工费。

（3）办公费用与业务费用都通过费用报销单报销，按照费用的类别分开填报费用报销单。

（4）工程部费用应按真实合理的原则报销，尽量索取正规发票，发票抬头开具公司名称，如未有发票应索取加盖收费章的收据，发票或收据上一定要注明购买物品的名称、单价、数量、金额，如有零星人工费应要求工人打收条。

（5）费用原始票据应用胶棒粘贴在原始凭证粘贴单的框线内，整齐粘贴。

（6）费用报销单与原始凭证粘贴单对齐粘贴，书写规范。报销部门栏填写工程部，报销项目栏填写费用名称，摘要栏填写费用发生的具体内容。金额栏要与原始凭证金额一致，日期、大写、报销人必须填写。

（7）工程部助理在将费用报销单交至公司财务前应对自己部门费用项目做登记，即填写工程部支出汇总表。

（8）工程部有借款的费用报销单，应在借款当月报销，跨月不做报销处理。

（9）工程部应于每月 8 日前与公司财务核对工程部支出汇总表。

（二） 工资——工程部工资汇总表、工程部施工小组工资明细表、施工合同测评表、施工项目统计表、维修打样人工单、技工等级标准

（1）工程部助理根据项目施工确认单、收方单、材料出库单、材料入库单，编制施工合同测评表，由部门经理签字审核。

（2）施工合同测评表是反映施工小组的施工用料、施工质量、款项回收的重要情况表，对用料不符标准的要注明不符情况（超料、节料）及解决办法。

（3）施工项目统计表是反映当前已施工项目未收取尾款的汇总统计表，该表需要对施工负责人、未收款原因进行详细的说明，工程部助理应及时向门店与总经办反馈施工项目尾款收取情况。

（4）工程部助理根据项目施工完毕验收的面积、施工单价、技工等级标准计算施工费与维修打样人工单，编制施工小组工资明细表。按月编制工程部工资汇总表。

（5）施工人员的奖金、扣款由公司总经办核定。总经办根据施工人员合同测评表、应收款汇总表核定其实发工资。

（6）工程部应于每月 10 日前将工资表交至公司财务复核。

（7）公司总经办财务按月报送工程部收支汇总表、工程部经营状况表。

（8）工程部交单时间及交接手续：财务部于每周五到工程部统一收取票据，填制票据传递单双方确认签字。

（9）以上流程如有未尽事宜，在实际工作中加以完善。

第三节　工程部费用结算原则

一、项目结算原则

（一） 按计件计算人工费

根据施工面积、材料、肌理（工艺标准）、单价列表计算人工费。

（二） 按相应施工条件/难度进行补贴

根据面积大小、难度高低、路程远近、过程长短说明列表计算补贴。

（三） 工人施工费结算原则

（1）当月 1～10 日前必须按项目施工验收凭据及对应参照相应施工单价，由工程部办公室自行提单，并同相应收方验收原始凭证交由公司财务审核。

（2）提单同时就单项施工人工费参与的施工技师二次分配随同附上，相应分配数

据须由对应施工技师签字认可。

（3）公司在结算日只针对已经完全符合结算程序，资料签字齐全，数据计算无异议的项目人工费予以发放，对资料凭据不全，计算分配有异议或客户有投诉争议未经及时有效处理的项目当月不予结算。

（4）由工程部或施工小组自身原因导致项目完工未结算，资料凭据不全，单项人工费计算或二次分配意见不统一或有相应重大违规违纪隐报处罚等因素逾期当月结算日的，只得由相应责任方补齐相关手续后在下月结算日一并结算。

二、 项目施工费报销原则

（一） 运输费

根据车辆、燃油、路桥、停车费分为首都区和外围区报销。

（二） 成品保护费（辅料）

根据成品保护规范，保护用辅料按要求报销。

（三） 交通费/住宿费（生活费不予补贴）

1. 远程交通费

（1）按标准大巴、火车票报销。

（2）出租车费在公司事前认可情况下予以报销。

2. 远程住宿费补贴

省内：80元/（房·晚）、省外：100元/（房·晚）（同性两人算一房，异性夫妻算一房，异性非夫妻算两房）。

3. 特别注意

（1）异地不准工人私自驾车或搭载非官方认可的营运交通工具。

（2）公司支付的交通成本按火车或汽车对应的当时实际普票价格支付；若短程需二次交通转运的，按实际发生的公交车或出租车合理价格报销。

三、 施工工具及易耗工具补贴原则

（1）所有工人施工工具一律按公司标准的施工工具包配置，费用由工人自行承担，工作状态时由工人自行管理，非工作状态时，由公司及工程部统一归库管理。

（2）公司施工结算单价中已包含施工人工费及相应常规的施工工具耗损费；针对公司施工效果，特殊工具公司采取定量“以旧换新”的模式予以补贴。

（3）针对施工工具箱的管理，公司及工程部随时具有抽查权，原则上“工具箱在施工状态下伴随工人；在非施工状态下或工人休假状态下工具箱及施工工具放置于工程部指定管理仓库”，严禁工人私自在非施工状态下携带公司标准施工工具及核心施工工具。

第二部分

企业师傅岗前培训

The second part

The second part
The second part
The second part

入职培训专题5

认识学徒业务岗位

园林工程技术专业培养德、智、体、美、劳全面发展，践行社会主义核心价值观，具有一定的文化水平、良好的职业道德和人文素养，掌握本专业的基本知识和主要技术技能，面向园林工程技术领域的专业知识及专业技能，能够从事园林行业园林工程施工与管理、园林景观设计、园林植物栽培养护、园林经营管理等职业岗位，具有良好职业素养、较强专业技能和可持续发展能力的技术技能人才。园林工程预算员承担着园林工程概算、预算和决算的重任，应掌握园林工程建设各个阶段所需要的与工程造价和人、材、机相关的知识。预算员除具备相关专业知识和日常生产问题处理能力以外，还需具备在农村工作时与相关人员良好的沟通能力、技术措施落实管理执行精神和一丝不苟的质量管理态度。

（1）园林工程预算员学徒岗位标准（详见附录二）。

（2）园林工程技术专业学徒岗位课程标准（详见附录三）。

（3）园林工程预算员学徒岗学徒师傅聘任标准与教学指导工作规范（详见附录四）。

（4）园林工程预算员学徒岗学徒选拔标准与学习守则（详见附录五）。

入职培训专题 6
岗位工作技术设备与安全生产

一、 岗位工作技术设备

计算机，施工图纸，定额手册，CAD、天正、广联达等办公软件。

二、 园林工程预算员学徒岗安全生产要求

（一） 业务安全

（1）学徒在企业期间不得将单位的任何保密资料进行转存携带。

（2）未经授权或批准，不得对外提供有密级的公司文件或其他未公开的经营状况、财务数据等。

（3）保管好自己持有的公司涉密文件，对非本人职权范围内的公司机密，应做到不打听、不猜测、不传播。

（4）发现了有可能涉密的现象应立即向有关上级报告。

（二） 自身安全

（1）学徒在校或在学徒企业期间不论有无驾照均不允许驾驶机动车辆。

（2）上下班期间严格遵守交通规则，避免发生人身意外。

（3）在施工场地带好防护用具，注意个人及他人安全。

（4）天黑后不单独外出。坚决杜绝夜不归宿，有一次夜不归宿立刻终止学徒阶段，并按照学院管理规定处理。

（5）学徒在企业期间做好水、电、暖安全，上班前、睡觉前检查水电，确保安全。

（6）做好防火工作，不使用大功率用电器。

入职培训专题 7
岗位业务能力要求和培养目标

一、 岗位知识要求

（1）掌握园林工程概预算基础，园林工程概算指标、预算定额、估算定额。

（2）掌握园林工程项目的划分。

（3）掌握园林工程定额计价的方法。

（4）掌握工程量清单及工程量清单计价。

（5）掌握竣工结算与竣工决算。

二、 岗位能力要求

（1）了解从事园林工程施工工作意义与内容，具备吃苦耐劳与团队合作意识。

（2）能够根据给定的施工图、清单及定额完成定额计价。

（3）能够根据给定的工程量清单完成清单计价及园林工程预算。

（4）能够参与投标工作。

（5）能够编制竣工决算和竣工结算。

（6）能够进行成本核算、利润分析。

三、 岗位技能要求

（1）能够划分工程项目，正确使用定额。

（2）能够根据施工图计算工程量。

（3）能够根据工程量清单及定额完成定额计价。

（4）能够根据施工图编制工程量清单。

（5）能够根据给定的工程量清单计算工程量清单计价。

（6）能够根据给定案例完成竣工决算。

四、 岗位职责要求

（1）执行公司预算合同部、所属项目的各项制度。

（2）参与公司对外投标的经济标编制工作。

（3）中标后，编制工程项目施工图预算报送上级各部门审核。

（4）按照现场施工进度，报送工程进度至监理单位、审计单位、项目管理公司、业主单位审核。

（5）依据现场经济签证及工程变更编制预算并报送监理单位、设计单位、审计单位、项目管理公司、业主单位审核。

（6）工程竣工后完成工程竣工结算编制，报送监理单位、审计单位、业主单位确认后完成一审定案。后期配合审计局完成二审工作。

（7）工程中期及后期完成工程款收回工作，及时与财务沟通收回所报工程款。

（8）根据施工合同及经济标编制计划成本并上报主管领导审核。

（9）编制公司内部招标文件，完成人、材、机的招标工作。

（10）依据招标内容签订企业二级合同。

（11）根据现场完成进度情况收集现场工程量确认单等相关票据，对人、材、机进行成本结算。

（12）编制成本分析报送至上级部门审核。

（13）每月与财务完成对账工作，找相关人员签字确认，确保工程成本与财务一致。

（14）按照管理制度要求对各类型合同、结算单分类整理归档，形成相关台账。

（15）配合公司上市，提供相应资料，填写相关表格。

（16）配合集团公司政府置换债务收款工作，收集二审定案单，落实财务决算情况，编制尾款进度，报送监理、项目管理公司及业主审核并完成收款工作。

（17）在金蝶系统中录入工程项目情况台账：工程进度、计划成本的各项成本金额、工程成本的实际结算金额。

（18）配合项目部人员完成部门的其他相关工作。

入职培训专题8

制订学徒培养计划

一、 学徒工作计划

（一） 园林工程概预算的概念及意义

园林工程概预算是关系到合理组织施工、按时按质按量完成工程任务的重要环节，是提高园林景观绿化质量的有力保障，是园林绿化行业走规范化、现代化和国际化道路的必由之路。园林工程概预算是指在园林工程建设过程中，根据不同阶段（拟建、施工、竣工）的设计文件的具体内容和有关定额、指标和取费标准，预先计算和确定建设项目的人工、材料、机械的数量、费用乃至全部工程费用。它可以使园林工程事先从经济上加以（精确）计算，将大量的劳动力、资金、材料用好管好，以获得合理的工程造价，保证顺利施工和工程质量。

（二） 园林工程造价管理

1. 管理体制

工程造价管理体制是建设市场运行机制的核心。以市场调节为主，政府指导（价格）为辅。

2. 管理组织

（1）行政部门（政府有关部门）。制定法律法规、制度，全国统一定额和行业定额，制定工程造价咨询单位资质标准和造价专业技术人员执业资格标准等。

（2）企事业单位（建设单位）。提出投资估算、编制标底，进行造价管理，委托招标。

（3）施工单位（园林公司）。提出工程估价，进行投标报价。

（4）工程造价咨询单位。面向社会接受委托，承担工程项目投资估算、工程概算、标准标底和投标报价、工程结算和竣工决算。

（三）园林工程建设程序及概预算类型

1. 园林工程建设程序（图 2-1）

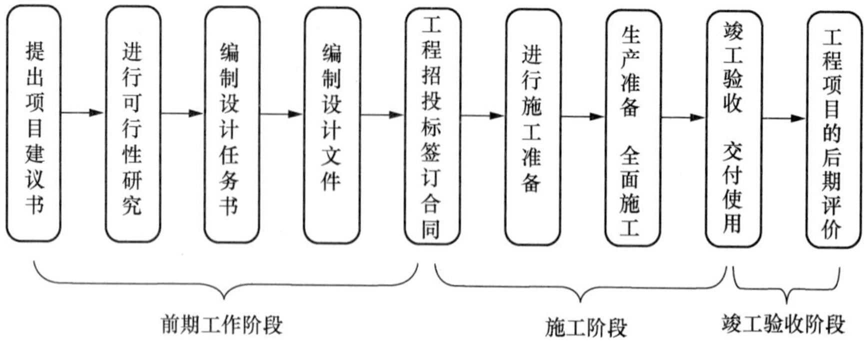

图 2-1　园林工程建设程序

2. 园林工程建设程序及其对应的概预算类型（图 2-2）

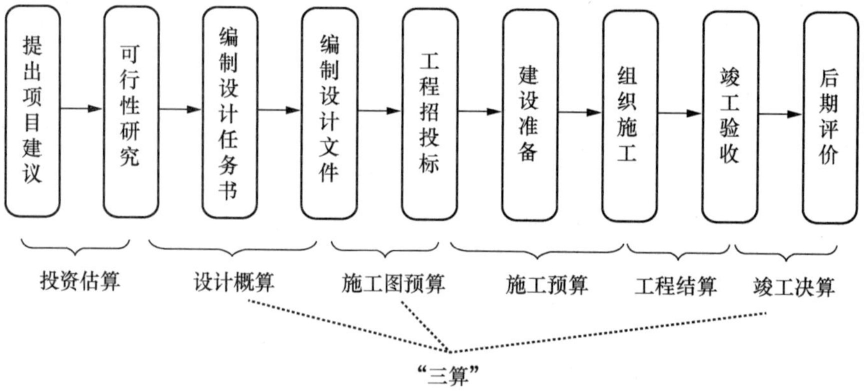

图 2-2　园林工程建设程序及其对应的概预算类型

3. 预算员岗学徒工作计划（表 2-1）

表 2-1　预算员岗学徒工作计划

阶段	任务	工作具体安排
投标阶段	编制经济标	熟悉招标文件，审读施工图，根据施工图核对工程量清单，发现问题上报部门主管，参与现场踏勘和招标答疑会，利用企业定额或者地区单位估价表，在师傅指导下利用造价软件完成工程量清单计价，编制经济标 中标后，根据施工图计算工程量，编制成本计划，分析成本，得出计划利润后报公司领导审核
施工阶段	施工管理预算	进行成本控制，按照现场施工进度，报送工程进度至监理单位、审计单位、项目管理公司、业主单位审核 依据现场经济签证及工程变更编制预算并报送监理单位、设计单位、审计单位、项目管理公司、业主单位审核

续表 2-1

阶段	任务	工作具体安排
竣工阶段	配合完成竣工验收	工程竣工后完成工程竣工结算编制，报送监理单位、审计单位、业主单位确认后完成一审定案。后期配合审计局完成二审工作 工程中期及后期完成工程款收回工作，及时与财务沟通收回所报工程款
交付使用阶段	核算利润	根据施工合同、竣工验收报告，核算利润并总结施工经验

4. 学徒学习计划（表 2-2）

表 2-2　学徒学习计划

序号	工作任务	学习内容与学习要求	活动设计
1	公司各项制度	企业的各项规章制度，考勤、奖惩、消防、安全等制度	企业人事部门负责指导
		执行公司预算合同部、所属项目的各项制度	预算部门负责指导
2	熟悉企业定额或地区估价表	掌握定额的直接套用、定额的换算等方法	企业师傅指导
		了解市场人、材、机的基本情况	企业师傅指导
3	投标	了解招投标的程序及招标法	自学及咨询企业师傅
		识读施工图、划分工程项目、核算工程量，核算工程量清单	企业师傅指导
		根据工程量清单利用造价软件编制工程量清单报价	企业师傅指导
		中标后，完成施工管理预算的编制	企业师傅指导
4	施工管理预算	跟进现场，控制各施工阶段的成本	企业师傅指导
		依据现场经济签证及工程变更编制预算并报送监理单位、设计单位、审计单位、项目管理公司、业主单位审核	企业师傅指导
5	竣工阶段	工程竣工后完成工程竣工结算编制，报送监理单位、审计单位、业主单位确认后完成一审定案。后期配合审计局完成二审工作	企业师傅指导
6	常规日常工作	每月与财务完成对账工作，找相关人员签字确认，确保工程成本与财务一致	企业师傅指导
		按照管理制度要求对各类型合同、结算单分类整理归档，形成相关台账	企业师傅指导

二、专题研修计划

（一）园林工程概预算专题研修计划

1. 研修目标

通过学习，具有预算员初级工理论知识与操作技能。

具体要求：理论知识上具有预算定额、工程量清单及工程量清单计价等基础知识，并能根据具体工程配合企业师傅参与工程投标。操作技能上能熟练进行定额套用、工程量计算、工程预算书的编制等基本工作。工作质量、工作进度达到规范要求。

2. 研修内容

（1）理论知识

①概预算基础。园林工程概预算贯穿园林工程建设从立项至交付使用全过程。掌握园林建设程序与园林工程概预算类型的对应关系，为后期学习奠定基础。

②园林工程预算定额。掌握定额的概念、意义及合理使用。

③工程量计算。识读施工图，能够根据施工图划分工程项目，按照工程量计算的原则和步骤正确计算工程量，为套用定额奠定基础。

④工程量清单和工程量清单计价。掌握工程量清单编制的原则、步骤和方法，能够根据给定的工程清单完成工程量清单计价的编制。

⑤竣工结算。根据工程款支付方式，计算工程结算款并进行成本核算。

（2）技能培训

①定额使用。根据当地的定额，进行定额的直接套用、定额的换算。

②计算工程量。根据施工图划分工程项目，计算工程量。

③编制工程量清单。根据“四个统一”原则编制工程量清单。

④编制工程量清单计价。根据招标人提供工程量清单在企业师傅指导下编制工程量清单计价表。

⑤计算工程结算款。根据工程款支付方式、变更情况等计算工程结算款。

（二）具体措施及安排

（1）每周利用1～2小时自学各类理论知识，并做好要点笔记，写在专门的笔记本上。

（2）经常反思自己的工作，不断地总结经验，找准不足之处，写好教学反思和案例，促使自己不断进步。

（3）在工作中对自己严格要求，决不松懈。

（4）课程与学习天数分配见表2-3。

表2-3　课程与学习天数分配表

时间设置	天数
园林工程概预算知识	4
园林工程预算定额	4
园林工程工程量计算	4
工程量清单的编制	2
工程量清单计价的编制	10
竣工结算	4
总课时	28

第三部分

学徒工作学习任务（学徒实践项目）

The third part

The third part

The third part

The third part

项目 1 计算工程量，编制工程量清单

任务 1　识读施工图计算工程量

【专业知识准备】

一、园林绿化工程相关图例

园林绿化工程相关图例见表 3-1 至表 3-11。

表 3-1　植物平面图例

序号	名称	图例	说明
1	落叶阔叶乔木		落叶乔、灌木均不填斜线 常绿乔、灌木加画 45°细斜线 阔叶树的外围线用弧裂形或圆形线 针叶树的外围线用锯齿形或斜刺形线 乔木外形成圆形 灌木外形成不规则形 乔木图例中粗线小圆表示现有乔木，细线小十字表示设计乔木 灌木图例中黑点表示种植位置 凡大片树林可省略图例中的小圆、小十字及黑点
2	常绿阔叶乔木	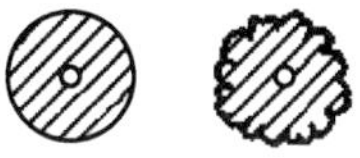	
3	落叶针叶乔木	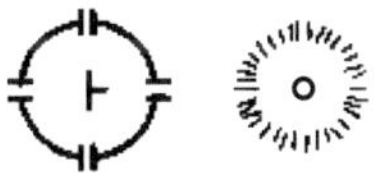	
4	常绿针叶乔木		

续表 3-1

序号	名称	图例	说明
5	落叶灌木		落叶乔、灌木均不填斜线 常绿乔、灌木加画 45° 细斜线 阔叶树的外围线用弧裂形或圆形线 针叶树的外围线用锯齿形或斜刺形线 乔木外形成圆形 灌木外形成不规则形 乔木图例中粗线小圆表示现有乔木，细线小十字表示设计乔木 灌木图例中黑点表示种植位置 凡大片树林可省略图例中的小圆、小十字及黑点
6	常绿灌木		
7	阔叶乔木疏林		
8	针叶乔木疏林	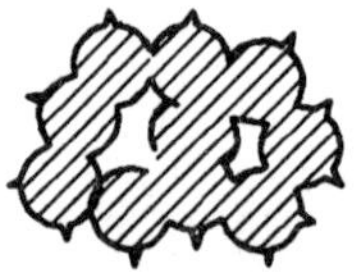	
9	阔叶乔木密林		
10	针叶乔木密林		
11	落叶灌木疏林		
12	落叶花灌木疏林		
13	常绿灌木密林	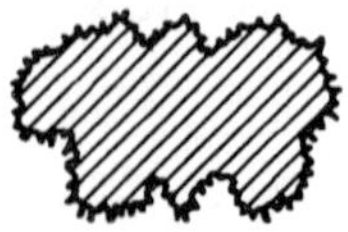	
14	常绿花灌木密林	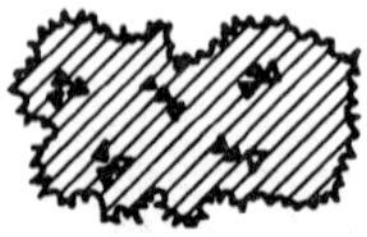	

续表 3-1

序号	名称	图例	说明
15	自然形绿篱		—
16	整形绿篱		—
17	镶边植物		—
18	一、二年生草本花卉		—
19	多年生及宿根草本花卉		—
20	一般草皮	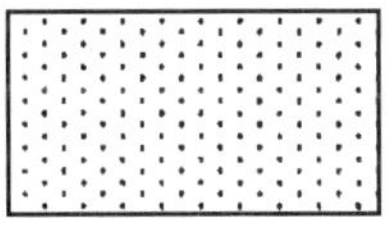	—
21	缀花草皮	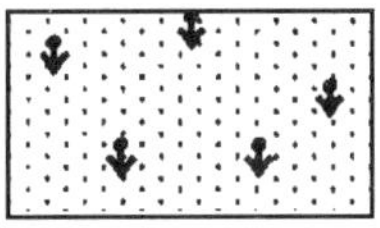	—
22	整形树木		—
23	竹丛		—
24	棕榈植物		—
25	仙人掌植物		—
26	藤本植物		—
27	水生植物	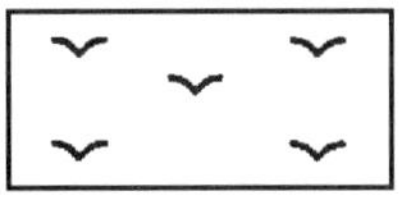	—

表 3-2　树冠形态图例

序号	名称	图例	说明
1	圆锥形		树冠轮廓线，凡针叶树用锯齿形；凡阔叶树用弧裂形表示
2	椭圆形		
3	圆球形		
4	垂枝形		
5	伞形		
6	匍匐形		

表 3-3　地界图例

序号	名称	图例	说明
1	绿地界		用中实线表示
2	景区、功能分区界		—
3	风景名胜区（国家公园），自然保护区等界		—
4	外围保护地带界		—

表 3-4　景点、景物图例

序号	名称	图例	说明
1	景点		各级景点依圆的大小相区别左图为现状景点；右图为规划景点

续表 3-4

序号	名称	图例	说明
2	城墙		—
3	文化遗址		—
4	古井		—
5	摩崖石刻		—
6	墓、墓园		—
7	公园		—
8	动物园		—
9	植物园		—
10	塔		—
11	峡谷		—
12	泉		—
13	奇石、礁石		—
14	瀑布		—
15	宗教建筑（佛教、道教、基督教……）		—

续表 3-4

序号	名称	图例	说明
16	牌坊、牌楼		—
17	古建筑		—
18	桥		—
19	陡崖		—
20	岩洞		也可表示地下人工景点
21	海滩		溪滩也可用此图例
22	古树名木		—
23	烈士陵园		—
24	湖泊		—
25	温泉		—
26	群峰		—
27	孤峰		—
28	森林		—
29	山岳		—

注：序号 2～29 所列图例宜供宏观规划时用，其不反映实际地形及形态。需区分现状与规划时，可用单线圆表示现状景点、景物，双线圆表示规划景点、景物

表 3-5　服务设施图例

序号	名称	图例	说明
1	综合服务设施点		各级服务设施可依方形大小相区别。左图为现状设施，右图为规划设施
2	停车场		室内停车场外框用虚线表示
3	加油站		—
4	邮电所（局）		—
5	公用电话点		包括公用电话亭、所、局等
6	公安、保卫站		包括各级派出所、处、局等
7	气象站		—
8	银行		包括储蓄所、信用社、证券公司等金融机构
9	风景区管理站（处、局）		—
10	野营地		—
11	疗养院		—
12	医疗设施点		—
13	火车站		—

续表 3-5

序号	名称	图例	说明
14	公共汽车站		—
15	缆车站		—
16	飞机场		—
17	码头、港口		—
18	度假村、休养所		—
19	文化娱乐点		—
20	餐饮点		—
21	消防站、消防专用房间		—
22	公共厕所		—
23	旅游宾馆		—

注：序号 2～23 所列图例宜供宏观规划时用，其不反映实际地形及形态。需区分现状与规划时，可用单线方框表示现状设施，双线方框表示规划设施

表 3-6　运动游乐设施图例

序号	名称	图例	说明
1	游乐场		—
2	运动场		—

续表 3-6

序号	名称	图例	说明
3	高尔夫球场		—
4	赛车场		—
5	跑马场		—
6	水上运动场		—
7	天然游泳场		—

表 3-7　工程设施图例

序号	名称	图例	说明
1	污水处理厂		—
2	水上游览线	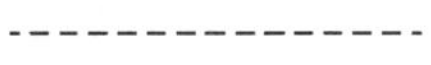	细虚线
3	隧道		—
4	垃圾处理站		—
5	发电站		—
6	变电所		—
7	小路、步行游览路	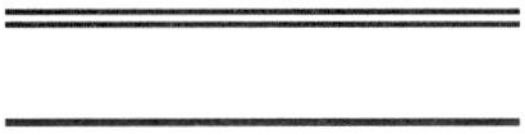	上图以双线表示，用细实线；下图以单线表示，用中实线

续表 3-7

序号	名称	图例	说明
8	山地步游小路	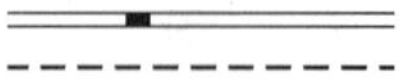	上图以双线加台阶表示，用细实线；下图以单线表示，用虚线
9	给水厂		—
10	电视差转台		—
11	架空索道线	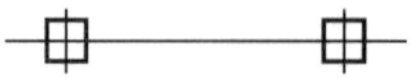	—
12	斜坡缆车线		—
13	高架轻轨线		—
14	公路、汽车游览路		上图以双线表示，用中实线；下图以单线表示，用粗实线
15	架空电力电信线	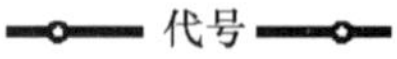	粗实线中插入管线代号，管线代号按现行国家有关标准的规定标注
16	管线	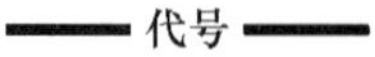	

表 3-8　用地类型图例

序号	名称	图例	说明
1	游憩、观赏绿地	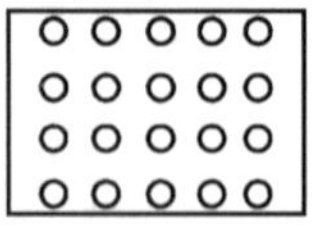	—
2	防护绿地		—

续表 3-8

序号	名称	图例	说明
3	经济林地		—
4	针叶林地		—
5	灌木林地	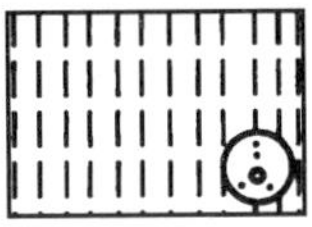	—
6	苗圃花圃用地	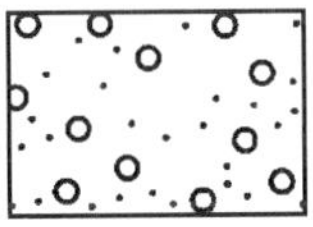	—
7	竹林地		—
8	阔叶林地		—
9	针阔混交林地		—
10	文物保护地	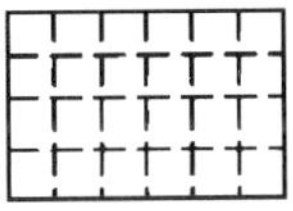	包括地面和地下两大类，地下文物保护地外框用粗线表示
11	特殊用地		—
12	草原、草甸	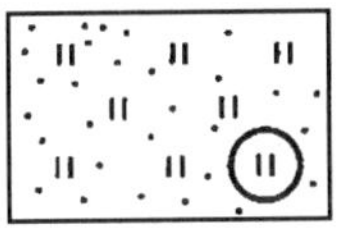	—

表 3-9　建筑图例

序号	名称	图例	说明
1	草顶建筑或简易建筑	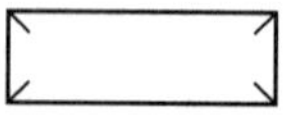	—
2	规划扩建的预留地或建筑物		用中虚线表示
3	地下建筑物		用粗虚线表示
4	温室建筑		—
5	原有的建筑物	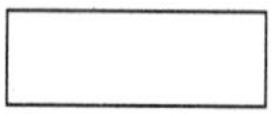	用细实线表示
6	规划的建筑物		用粗实线表示
7	坡屋顶建筑	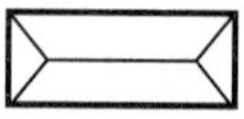	包括瓦顶、石片顶、饰面砖顶等
8	拆除的建筑物	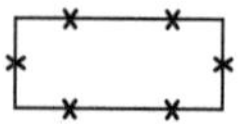	用细实线表示

表 3-10　水体图例

序号	名称	图例	说明
1	规划形水体		—
2	自然形水体		—
3	旱涧	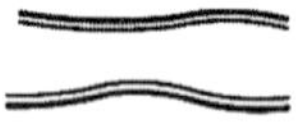	—
4	跌水、瀑布	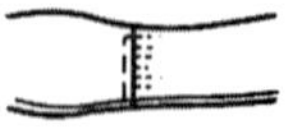	—
5	溪涧	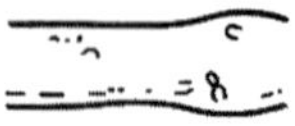	—

表 3-11　设施图例

序号	名称	图例	说明
1	水闸	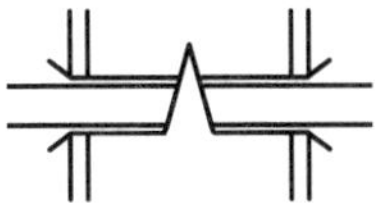	—
2	人行桥	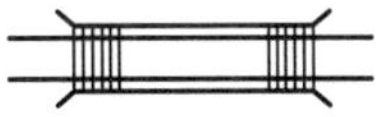	—
3	亭桥	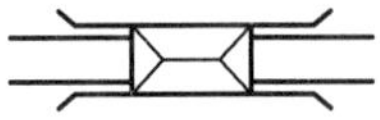	—
4	车行桥	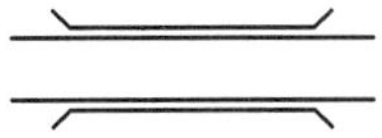	—
5	驳岸	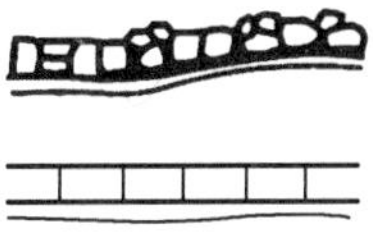	上图为假山石自然式驳岸；下图为整形砌筑规划式驳岸
6	铁索桥	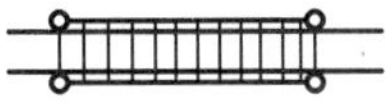	—
7	道路	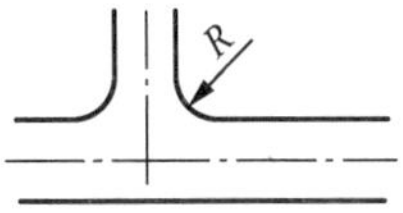	—
8	护坡	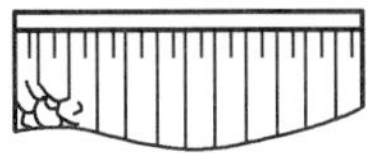	—
9	雨水井		—
10	有盖的排水沟	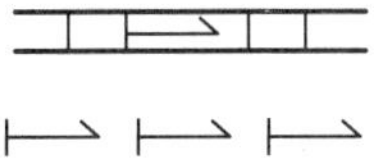	上图用于比例较大的图面；下图用于比例较小的图面
11	挡土墙	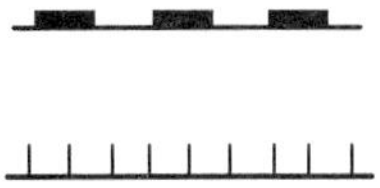	突出的一侧表示被挡土的一方
12	台阶	 箭头指向表示向上	也可依据设计形态表示
13	铺装路面		—
14	排水明沟	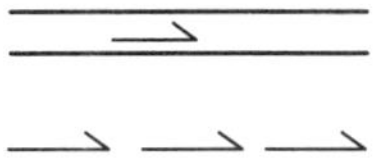	上图用于比例较大的图面；下图用于比例较小的图面

续表 3-11

序号	名称	图例	说明
15	铺砌场地	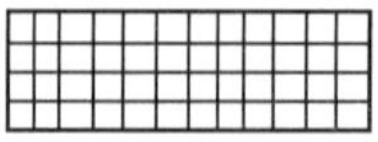	也可依据设计形态表示
16	消火栓井		—
17	码头	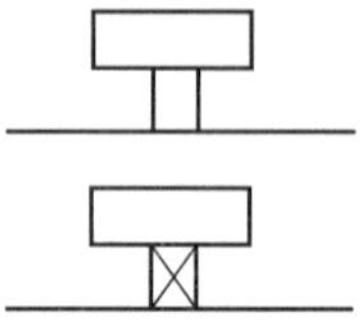	上图为固定码头；下图为浮动码头
18	汀步	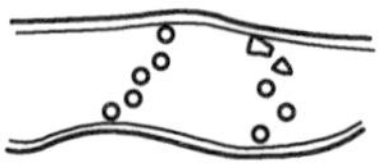	—
19	涵洞	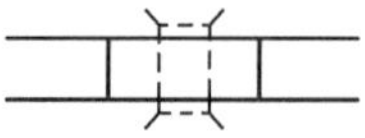	—
20	喷灌点		—

二、 园林工程工程量计算的原则和方法

（一） 园林工程工程量计算原则

1. 计算规则一致

工程量计算必须与规定的工程量计算规则（或计算方法）相一致，才符合要求。预算定额中对分项工程的工程量计算规则和计算方法都做了具体规定，计算时必须严格按规定执行。例如楼梯面层及台阶面层的工程量按水平投影面积计算。

按施工图纸计算工程量采用的计算规则，必须与本地区现行预算定额计算规则相一致。各省、自治区、直辖市预算定额的工程量计算规则，其主要内容基本相同，差异不大。在计算工程量时，应按工程所在地预算定额规定的工程量计算规则进行计算。

2. 计算口径一致

计算工程量时，根据施工图纸列出的工程子目的口径（指工程子目所包括的工作内容），必须与定额中相应的工程子目的口径相一致。不能将定额子目中已包含了的工作内容拿出来另列子目计算。

3. 计算单位一致

计算工程量时，所计算工程子目的工程量单位必须与预算定额中相应子目的单位相一致。在预算定额中，工程量的计算单位规定为：①以体积计算的为立方米（m^3）；

②以面积计算的为平方米（m^2）；③长度为米（m）；④质量为吨或千克（t或kg）；⑤以件（个或组）计算的为件（个或组）。

4. 计算尺寸准确

计算工程量时，首先要对施工图尺寸进行核对，并对各子目计算尺寸的取定要准确。

5. 计算顺序统一

计算工程量时要遵循一定的计算顺序，依次进行计算，这是避免发生漏算或重算的重要措施。

6. 计算精确度统一

工程量的数字计算要准确，一般应精确到小数点后三位。汇总时，其准确度取值要达到：①立方米（m^3）、平方米（m^2）、米（m）取两位小数；②千克（kg）、吨（t）取三位小数；③件、组或个等取整数；④建筑面积一般取整数。

（二） 园林工程工程量计算方法

1. 工程量计算一般要求

（1）按照定额规定和工程量计算规则计算工程量。

（2）计算单位应与定额单位一致。

（3）取定的建筑尺寸和苗木规格要准确。

（4）计算底稿要整齐、详细。尽可能保留计算过程。

（5）要按照一定的计算顺序计算，便于审核工程量。

（6）利用基数连续计算。

2. 工程量计算方法

（1）按施工顺序计算。即按工程施工顺序的先后来计算工程量。计算时，先地下，后地上；先底层，后上层；先主要，后次要。大型和复杂工程应先划成区域，编成区号，分区计算。

（2）按定额项目的顺序计算。即按定额所列分部分项工程的次序来计算工程量。由前到后，逐项对照施工图设计内容。采用这种方法计算工程量，要求熟悉施工图纸，具有较多的工程设计基础知识，并且要注意施工图中有的项目可能套不上定额项目，这时应单独列项，待编制补充定额时补上，切记不可因定额缺项而漏项。

（3）用统筹法计算。是根据各分项工程量计算之间的固有规律和相互之间的依赖关系，运用统筹原理和统筹图来合理安排工程量的计算程序，并按其顺序计算工程量。

用统筹法计算工程量的基本要点是：统筹程序、合理安排；利用基数、连续计算；一次计算、多次使用；结合实际、灵活机动。

（4）按轴线编号顺序计算。如图3-1所示，按轴线编号顺序计算，就是按横向轴线从（①～⑥）编号顺序计算横向构造工程量；按竖向轴线从（Ⓐ～Ⓓ）编号顺序计算竖向构造工程量。这种方法适用于计算内外墙的挖基槽、做基础、砌墙体、墙面装修等分项工程量。

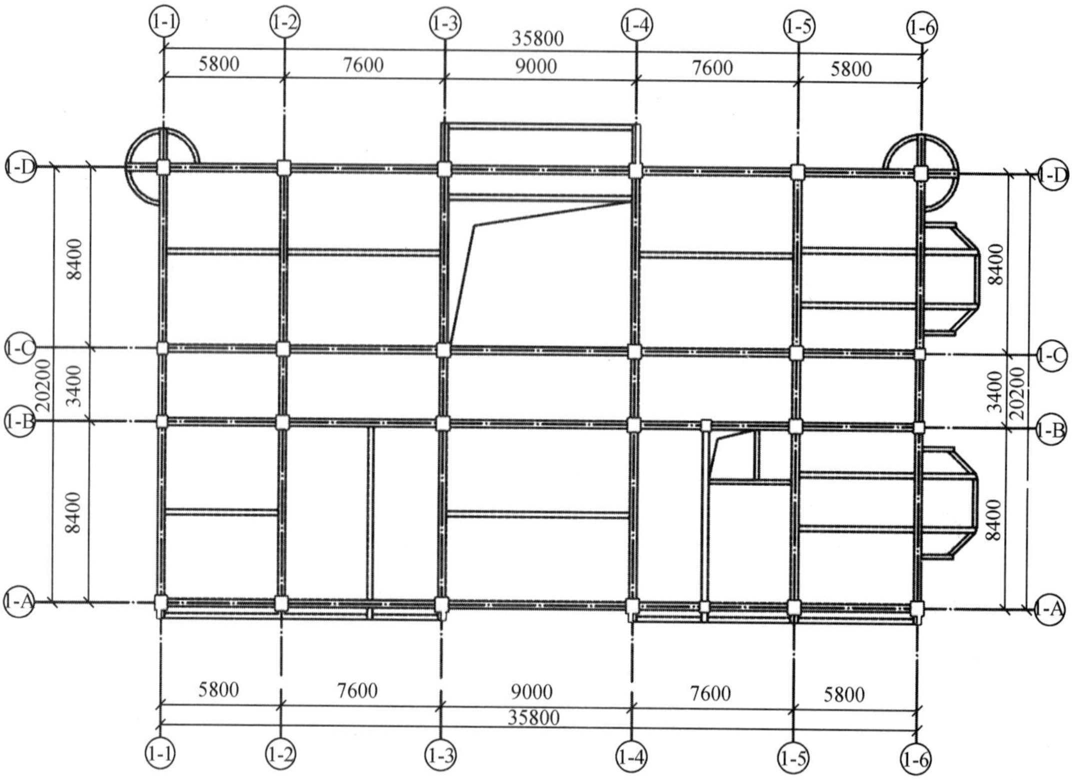

图 3-1　按轴线编号顺序计算

（5）按顺时针顺序计算。先从工程平面图左上角开始，按顺时针方向先横后竖、自左至右、自上而下逐步计算，环绕一周后再回到左上方为止。如计算外墙、外墙基础、楼地面、顶棚等都可按此法进行，如图 3-2 所示。

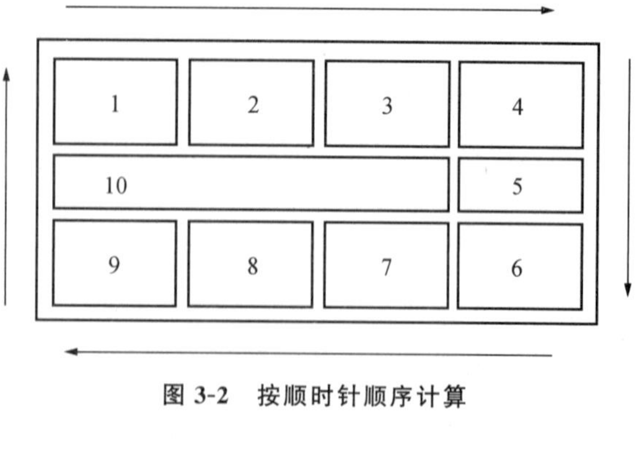

图 3-2　按顺时针顺序计算

（6）按编号顺序计算。按图纸上所注各种构件、配件的编号顺序进行计算。例如在施工图上，对钢木门窗构件、钢筋混凝土构件（柱、梁、板等）、木结构构件、金属结构构件、屋架等都按顺序编号，计算它们的工程量时，可分别按所注编号逐一分别计算。如图 3-3 所示，其构配件工程量计算顺序为：构造柱 Z_1、Z_2、Z_3、Z_4→主梁 L_1、L_2、L_3、L_4→过梁 GL_1、GL_2、GL_3、GL_4→楼板 B_1、B_2、B_3、B_4。

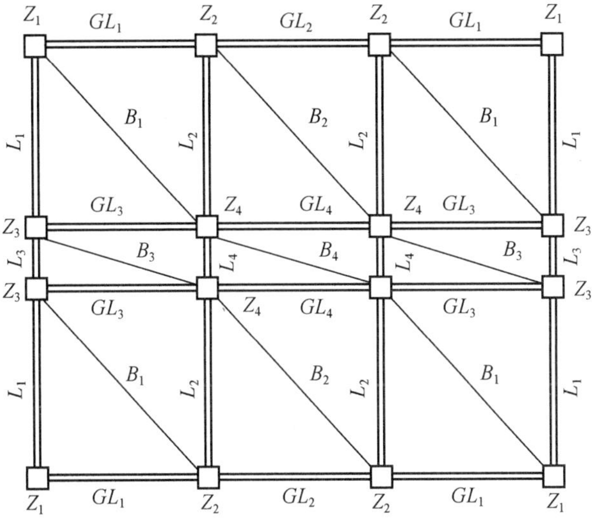

图 3-3 按编号顺序计算

三、园林施工图概述

（一）施工图的分类

园林绿化工程施工图按不同的专业可分为以下几类。

（1）施工放线——施工总平面图、各分区施工放线图、局部放线详图等。

（2）土方工程——竖向施工图、土方调配图。

（3）建筑工程——建筑平面图、立面图、剖面图、建筑施工详图等。

（4）结构工程——基础图、基础详图、梁柱详图、结构构件详图等。

（5）电气工程——电气施工平面图、施工详图、系统图、控制线路图等。大型工程应按强电、弱电、火灾报警及其智能系统分别设置目录。

（6）给排水工程——给排水系统总平面图、详图；给水、消防、排水、雨水系统图；喷灌系统施工图。

（7）绿化工程——种植施工图、局部施工放线图、剖面图等。如果采用乔、灌、草多层组合，分层种植设计较为复杂，应绘制分层种植施工图。

（二）园林绿化工程施工图图纸编号

园林绿化工程施工图图纸编号以专业为单位，各专业编排各专业的图号。

(1) 对于大、中型项目，应按照以下专业进行图纸编号：园林、建筑、结构、给排水、电气、材料附图等。

(2) 对于小型项目，可以按照以下专业进行图纸编号：园林、建筑及结构、给排水、电气等。

(3) 每一专业图纸应该对图号加以统一标示，以方便查找。如建筑结构施工可以缩写为“建施（JS）”，给排水施工可以缩写为“水施（SS）”，种植施工图可以缩写为“绿施（LS）”。

（三） 识读园林绿化施工总平面图

园林绿化施工总平面图主要反映的是园林绿化工程的所在位置、朝向及拟建建筑周围道路、地形、绿化等情况，以及该工程与周围环境的关系和相对位置等。

识读内容：

(1) 读指北针（或风玫瑰图），绘图比例（比例尺），文字说明，景点、建筑物或者构筑物的名称标注，图例表等。图纸按上北下南方向绘制，根据场地形状或布局，可向左或向右偏转，但不超过45°。施工总平面图一般采用1∶500、1∶1 000、1∶2 000的比例绘制。

(2) 读图例。《总图制图标准》（GB/T 50103—2010）中列出了建筑物、构筑物、道路、铁路以及植物等的图例，具体内容参见相应的制图标准。如果由于某些原因必须另行设定图例时，会在总图上绘制专门的图例表进行说明。

(3) 读图线。在绘制总图时根据具体内容会采用不同的图线，具体可参照相关标准。

(4) 读图纸单位。施工总平面图中的坐标、标高、距离宜以“m”为单位，一般取至小数点后两位，不足时以“0”补齐。详图宜以“mm”为单位，如不以mm为单位，则会另加说明。建筑物、构筑物、铁路、道路方位角（或方向角）和铁路、道路转向角的度数，一般注写到“秒”，特殊情况应另加说明。道路纵坡度、场地平整坡度、排水沟沟底纵坡度一般以百分计，一般取至小数点后一位，不足时以“0”补齐。

(5) 读坐标网格。坐标分为测量坐标和施工坐标。测量坐标为绝对坐标，测量坐标网应画成交叉十字线，坐标代号用“X、Y”表示。施工坐标为相对坐标，相对零点通常选用已有建筑物的交叉点或道路的交叉点，为区别于绝对坐标，施工坐标用大写英文字母A、B表示。施工坐标网格以细实线绘制，一般画成100 m×100 m或者50 m×50 m的方格网，有时也会根据实际需要调整。

(6) 读坐标标注。坐标一般直接标注在图上，如图面无足够位置，也会列表标注，如坐标数字的位数太多时，则会将前面相同的位数省略，其省略位数在附注中会加以说明。建筑物、构筑物、道路等会标注这些部位的坐标：建筑物、构筑物的定位轴线（或外墙线）或其交点；圆形建筑物、构筑物的中心；道路的中线或转折点；挡土墙起始点、转折点、墙顶外侧边缘（结构面）。表示建筑物、构筑物位置的坐标一般标注其三个角的坐标，如果建筑物、构筑物与坐标轴线平行，则会标注对角坐标。平面图上有测量和施工两种坐标系统时，会在附注中注明两种坐标系统的换算公式。

（7）读标高标注。施工图中标注的标高为绝对标高，如标注相对标高，则会注明相对标高与绝对标高的关系。建筑物、构筑物、道路等一般按规定标注标高：①建筑物室内地坪，标注图中±0.000处的标高，对不同高度的地坪，分别标注其标高；②建筑物室外散水，标注建筑物四周转角或两对角的散水坡脚处的标高；③构筑物标注其有代表性的标高，并用文字注明标高所指的位置；④道路标注路面中心交点及变坡点的标高；⑤挡土墙标注墙顶和墙脚标高；⑥路堤、边坡标注坡顶和坡脚标高；⑦排水沟标注沟顶和沟底标高；⑧场地平整标注其控制位置标高；⑨铺砌场地标注其铺砌面标高。

（8）读道路、铺装的位置、尺度，主要点的坐标、标高以及定位尺寸。

（9）读小品主要控制点坐标及小品的定位、定形尺寸。

（10）读地形、水体的主要控制点坐标、标高及控制尺寸。

（11）读植物种植区域轮廓。

（四）识读园林绿化施工放线图

园林绿化施工放线图主要识读以下内容。

（1）道路、广场铺装、园林建筑小品放线网格（间距1 m、5 m、10 m不等）。

（2）坐标原点、坐标轴、主要点的相对坐标。

（3）标高（等高线、铺装等）。

（五）识读竖向设计施工图

识读内容：

（1）识读指北针、图例、比例、文字说明、图名。文字说明中仔细阅读标注单位、绘图比例、高程系统的名称、补充图例等。

（2）识读现状与原地形标高、地形等高线、设计等高线。设计等高线的等高距一般取0.25～0.5 m，当地形较为复杂时，一般会绘制地形等高线放样网格。

（3）识读最高点或者某些特殊点的坐标及该点的标高。如道路的起点、变坡点、转折点和终点等的设计标高（道路在路面中、阴沟在沟顶和沟底）、纵坡度、纵坡距、纵坡向、平曲线要素、竖曲线半径、关键点坐标；建筑物、构筑物室内外设计标高；挡土墙、护坡或土坡等构筑物的坡顶和坡脚的设计标高；水体驳岸、岸顶、岸底标高，池底标高，水面最低、最高及常水位。

（4）识读地形的汇水线和分水线，用坡向箭头标明设计地面坡向，指明地表排水的方向、排水的坡度等。

（5）识读重点地区、坡度变化复杂地段的地形断面图，并识读标高、比例尺等。

当工程比较简单时，竖向设计施工平面图会与施工放线图合并。

（六） 识读植物种植施工图

识读内容：

（1）看标题栏、比例、指北针（或风玫瑰图）及设计说明。了解工程名称、性质、所处方位（及主导风向），明确工程的目的、设计范围、设计意图，了解绿化施工后应达到的效果。

（2）看植物图例、编号、苗木统计表及文字说明。根据图纸中各植物的编号，对照苗木统计表及技术说明，了解植物的种类、名称、规格、数量等，验核或编制种植工程预算。

（3）看图纸中植物种植位置及配置方式。根据植物种植位置及配置方式，分析种植设计方案是否合理。植物栽植位置与建筑及构筑物和市政管线之间的距离是否符合有关设计规范的规定等技术要求。

（4）看植物的种植规格和定位尺寸，明确定点放线的基准。

（5）看植物种植详图，明确具体种植要求，从而合理地组织种植施工。

（七） 识读园路、广场施工图

园路、广场施工图是指导园林道路施工的技术性图纸，能够清楚地反映园林路网和广场布局，一份完整的园路、广场施工图纸主要包括：图案、尺寸、材料、规格、拼接方式等。

识读内容：

（1）识读铺装剖切断面。

（2）识读铺装材料特殊说明。

（八） 识读假山施工图

为了清楚地反映假山设计，便于指导施工，通常要做假山施工图。假山施工图是指导假山施工的技术性文件，需要识读的内容有：平面图、剖面图、立面图或透视图、做法说明、预算。

（九） 识读水池施工图

水池施工图是指导水池施工的技术性文件，需要识读的内容有：平面图、剖面图、各单项土建工程详图。

（十） 识读照明电气施工图

识读内容：

（1）识读灯具形式、类型、规格、布置位置。

（2）识读配电图（电缆电线型号规格，联结方式；配电箱数量、形式规格等）。

（十一） 识读喷灌、 给排水施工图

识读内容：

（1）识读给水、排水管的布设、管径、材料等。

（2）识读喷头、检查井、阀门井、排水井、泵房等。

（3）识读与供电设施相结合的部分。

（十二） 识读园林小品详图

识读内容：

（1）识读建筑小品平、立、剖面图（材料、尺寸），结构、配筋等。

（2）识读园林小品材料规格等。

任务 1-1 园林绿化工程工程量计算

【任务目标与质量要求】

种植施工图是计算绿化工程工程量的基础，必须具备识读种植施工图的能力，根据种植施工图列出绿化工程分项工程名称和工程量，是进行园林工程预算的第一步。因此，列出绿化工程的工程量清单后还需要仔细核对，不多算，不漏算，不错算，保证计算精度，合理确定计量单位，并初步确定绿化工程所需要人工工种和消耗量。

【学习产出目标】

1. 熟练识别园林种植施工图的构成要素。

2. 了解植物图例、苗木种类和规格。

3. 合理划分分项工程，确定绿化工程工程量，仔细核对，不漏算、不多算、不少算。

4. 根据苗木规格确定土球规格。

5. 发现问题及时与企业师傅沟通，保证工作效率，营造良好工作氛围。

园林绿化工程工程量清单项目设置及工程量计算规则

（一） 绿地整理

工程量清单项目设置及工程量计算规则按表 3-12 的规定执行。

（二） 栽植花木

工程量清单项目设置及工程量计算规则按表 3-13 的规定执行。

表 3-12　绿地整理(编码:050101)

项目编码	项目名称	项目特征	计量单位	工程量计算规则	工程内容
050101001	砍伐乔木	树干胸径	株	按数量计算	1. 砍伐 2. 废弃物运输 3. 场地清理
050101002	挖树根	地径	株	按数量计算	1. 挖树根 2. 废弃物运输 3. 场地清理
050101003	砍挖灌木丛及根	丛高或蓬径	1. 株 2. m^2	1. 以株计量,按数量计算 2. 以平方米计量,按面积计算	1. 砍挖 2. 废弃物运输 3. 场地清理
050101004	砍挖竹及根	根盘直径	株(丛)	按数量计算	1. 砍挖 2. 废弃物运输 3. 场地清理
050101005	砍挖芦苇(或其他水生植物及根)	根盘丛径	m^2	按面积计算	1. 砍挖 2. 废弃物运输 3. 场地清理
050101006	清除草皮	草皮种类	m^2	按面积计算	1. 除草 2. 废弃物运输 3. 场地清理

续表 3-12

项目编码	项目名称	项目特征	计量单位	工程量计算规则	工程内容
050101009	种植土回(换)填	1. 回填土质要求 2. 取土运距 3. 回填厚度 4. 弃土运距	1. m^3 2. 株	1. 以立方米计量，按设计图示回填面积乘以回填厚度以体积计算 2. 以株计量，按设计图示数量计算	1. 土方挖、运 2. 回填 3. 找平、找坡 4. 废弃物运输
050101010	整理绿化用地	1. 回填土质要求 2. 取土运距 3. 回填厚度 4. 找平、找坡要求 5. 弃渣运距	m^2	按设计图示尺寸以面积计算	1. 排地表水 2. 土方挖、运 3. 耙细、过筛 4. 回填 5. 找平、找坡 6. 拍实 7. 废弃物运输
050101012	屋顶花园基底处理	1. 找平层厚度、砂浆种类、强度等级 2. 防水层种类、做法 3. 排水层厚度、材质 4. 过滤层厚度、材质 5. 回填轻质土厚度、种类 6. 屋面高度 7. 阻根层厚度、材质、做法			1. 抹找平层 2. 防水层铺设 3. 排水层铺设 4. 过滤层铺设 5. 填轻质土壤 6. 阻根层铺设 7. 运输

表 3-13 栽植花木(编码:050102)

项目编码	项目名称	项目特征	计量单位	工程量计算规则	工程内容
050102001	栽植乔木	1. 乔木种类 2. 乔木胸径 3. 养护期	株	按设计图示数量计算	1. 起挖 2. 运输 3. 栽植 4. 养护
050102002	栽植灌木	1. 灌木种类 2. 灌丛高或蓬径 3. 起挖方式 4. 养护期	1. 株 2. m^2	1. 以株计量,按设计图示数量计算 2. 以平方米计量,按设计图示尺寸以绿化水平投影面积计算	
050102003	栽植竹类	1. 竹种类 2. 竹胸径或根盘丛径 3. 养护期	株(丛)	按设计图示数量计算	
050102004	栽植棕榈类	1. 棕榈种类 2. 株高或地径 3. 养护期	株		
050102005	栽植绿篱	1. 种类 2. 篱高 3. 行数、蓬径 4. 单位面积株数 5. 养护期	1. m 2. m^2	1. 以米计量,按设计图示长度以延长米计算 2. 以平方米计量,按设计图示尺寸以绿化水平投影面积计算	
050102006	栽植攀缘植物	1. 植物种类 2. 地径 3. 单位长度株数 4. 养护期	1. 株 2. m	1. 以株计量,按设计图示数量计算 2. 以米计量,按设计图示种植长度以延长米计算	

续表 3-13

项目编码	项目名称	项目特征	计量单位	工程量计算规则	工程内容
050102007	栽植色带	1. 苗木、花卉种类 2. 株高或蓬径 3. 单位面积株数 4. 养护期	m^2	按设计图示尺寸以绿化水平投影面积计算	1. 起挖 2. 运输 3. 栽植 4. 养护
050102008	栽植花卉	1. 花卉种类 2. 株高或蓬径 3. 单位面积株数 4. 养护期	1. 株(丛、缸) 2. m^2	1. 以株(丛、缸)计量,按设计图示数量计算 2. 以平方米计量,按设计图示尺寸以水平投影面积计算	
050102009	栽植水生植物	1. 植物种类 2. 株高或蓬径或芽数/株 3. 单位面积株数 4. 养护期			
050102012	铺种草皮	1. 草皮种类 2. 铺种方式 3. 养护期	m^2	按设计图示尺寸以绿化水平投影面积计算	1. 起挖 2. 运输 3. 铺底砂(土) 4. 栽植 5. 养护
050102013	喷播植草(灌木)籽	1. 基层材料种类规格 2. 草(灌木)籽种类 3. 养护期			1. 基层处理 2. 坡地细整 3. 喷播 4. 覆盖 5. 养护

（三） 绿地喷灌

工程量清单项目设置及工程量计算规则按表 3-14 的规定执行。

表 3-14 绿地喷灌（编码：050103）

项目编码	项目名称	项目特征	计量单位	工程量计算规则	工程内容
050103001	喷灌管线安装	1. 管道品种、规格 2. 管件品种、规格 3. 管道固定方式 4. 防护材料种类 5. 油漆品种、刷漆遍数	m	按设计图示管道中心线长度以延长米计算，不扣除检查（阀门）井、阀门、管件及附件所占的长度	1. 管道铺设 2. 管道固筑 3. 水压试验 4. 刷防护材料、油漆

【业务经验】

乔灌木高度与土球规格之间的关系。其中 H 是树高，D 为直径（胸径），W 为冠幅或者冠径。

乔木：

$$D_{\pm}=8-10D,\qquad H_{\pm}=2/3D_{\pm}$$

$$D_{\pm}=1/6\sim1/5H,\qquad H_{\pm}=2/3D_{\pm}$$

灌木：

$$D_{\pm}=1/5\sim1/3H,\qquad H_{\pm}=2/3D_{\pm}$$

$$D_{\pm}=1/4\sim1/3W,\qquad H_{\pm}=2/3D_{\pm}$$

【工作任务实施记录与评价】

绿化工程量计算的学徒考核方案，详见表 3-15。

表 3-15 绿化工程量计算的学徒考核方案

考核内容	考核要求与标准	自我赋分	师傅赋分
1. 种植施工图识别（25 分）	（1）能对照施工图，辨别种植点和种植方位 （2）会判读施工要素 （3）会对种植内容的合理性进行判读		
2. 划分分项工程名称（25 分）	（1）确定分项工程名称 （2）不多项，不漏项，不错项		
3. 列出工程量（25 分）	（1）工程量正确 （2）精度无误 （3）计量单位正确		

续表 3-15

考核内容	考核要求与标准	自我赋分	师傅赋分
4. 核对（15 分）	仔细、认真、不多算、不漏算、不少算，精度和计量单位无误		
5. 职业精神（10 分）	工作中认真负责，遵守企业规章制度，良好有效沟通，尊重企业师傅		

【考核】

1. 学徒关键职业能力及职业品质、工匠精神评价

项目	A	B	C	D
工作态度				
吃苦耐劳				
团队协作				
沟通交流				
学习钻研				
认真负责				
诚实守信				

2. 学徒的考核

项目	85 分以上	70～85 分	60～69 分	60 分以下	权重
种植施工图的内容					50%
分项工程					20%
计量单位					15%
工程量					5%
精度					5%
学徒手册					5%
总体评价					

【园林绿化工程工程量计算案例】

1. 某小游园局部植物绿化种植区，该种植区长 50 m，宽 30 m，其中竹林的面积为 200 m^2，如图 3-4 所示，试求其工程量。

解：

（1）项目编码：050102001

项目名称：栽植乔木

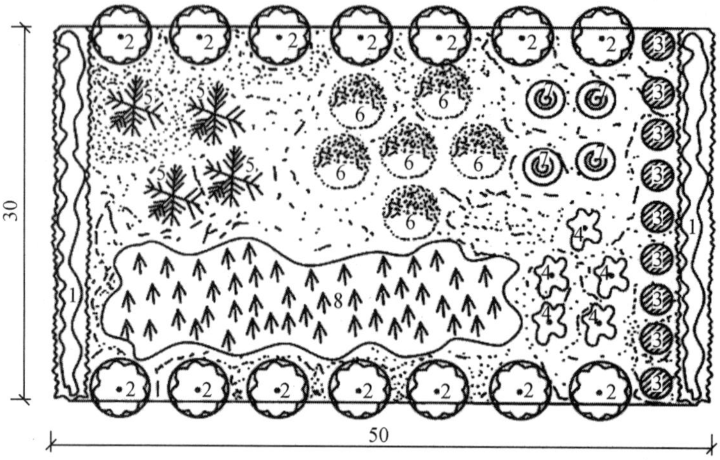

图 3-4 局部植物绿化种植图

1—金叶榆；2—法国梧桐；3—银杏；4—紫叶李；5—棕榈；6—海桐；
7—大叶女贞；8—竹林 绿篱宽度为 1.5 m

工程量计算规则：按设计图示数量计算

识图分析：法国梧桐 14 株；银杏 9 株；紫叶李 5 株；大叶女贞 4 株

（2）项目编码：050102004

项目名称：栽植棕榈类

工程量计算规则：按设计图示数量计算

识图分析：棕榈 4 株

（3）项目编码：050102002

项目名称：栽植灌木

工程量计算规则：按设计图示数量计算

识图分析：海桐 6 株

（4）项目编码：050102005

项目名称：栽植绿篱

工程量计算规则：按设计图示以长度或面积计算

识图分析：金叶榆在种植区左右两侧，每侧长 30 m。绿篱的总长度＝单排绿篱长度×2

工程量计算：金叶榆 30.00×2＝60.00（m）

（5）项目编码：050102003

项目名称：栽植竹类

工程量计算规则：按设计图示数量计算

识图分析：竹子 50 株

（6）项目编码：050101010

项目名称：整理绿化用地

工程量计算规则：按设计图示尺寸以面积计算

识图分析：绿化用地为长 50 m，宽 30 m 的矩形

工程量计算：整理绿化用地的面积＝50.00×30.00＝1500.00（m^2）

（7）项目编码：050102013

项目名称：喷播植草（灌木）籽

工程量计算规则：按设计图示尺寸以面积计算

识图分析：绿化用地为长 50 m，宽 30 m，绿篱的长为 30 m，宽为 1.5 m。喷播植草的面积＝总的绿化种植区面积－竹林的种植面积－绿篱的种植面积。其中，200.00 m^2 是竹林的面积（题中已给出）

工程量计算：喷播植草的面积＝30×50－200－60×1.5＝1 210.00（m^2）

清单工程量计算见表 3-16。

表 3-16　清单工程量计算表

序号	项目编码	项目名称	项目特征描述	计量单位	工程量
1	050102001001	栽植乔木	法国梧桐	株	14
2	050102001002	栽植乔木	银杏	株	9
3	050102001003	栽植乔木	紫叶李	株	5
4	050102001004	栽植乔木	大叶女贞	株	4
5	050102004001	栽植棕榈类	棕榈	株	4
6	050102002001	栽植灌木	海桐	株	6
7	050102005001	栽植绿篱	金叶榆	m	60.0
8	050102003001	栽植竹类	竹林	株	50
9	050101010001	整理绿化用地	整理绿化用地	m^2	1 500.00
10	050102013001	喷播植草(灌木)籽	喷播植草	m^2	1 210.00

2. 某高速路绿化工程工程量计算。

解：

（1）工程名称：××高速绿化工程（生态绿廊）三期设计项目西沙河至东沙河

（2）工程地点：×××县

（3）建设单位：×××县林业局

（4）项目概况：路长 2.3 km（西沙河—东沙河），绿化面积约为 177 460 m^2，约 266.2 亩

（5）苗木表（表 3-17、表 3-18）

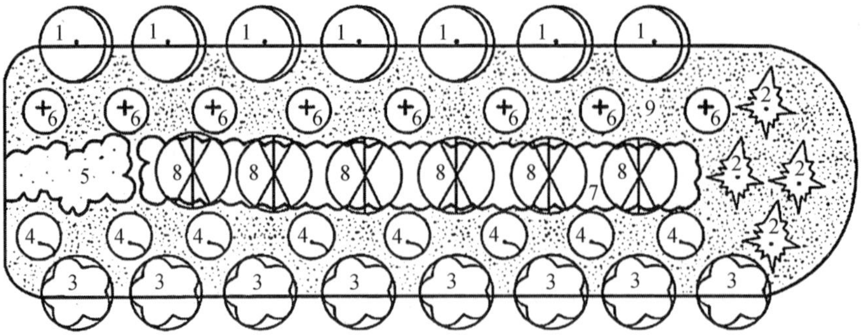

图 3-5 某立交桥局部绿化设计图

1—馒头柳；2—桧柏；3—夹竹桃；4—香樟；5—栀子花；6—紫叶李；7—茶花；

8—油松；9—黑麦草 茶花丛 200 m^2，草地面积 620 m^2，栀子花 20 株

表 3-17 乔木种植名录

序号	名称	图例	数量/株	规格		土球/cm	备注
				胸径/cm	净干高/m		
1	高酸海棠	①	5 515	5	≥2	50	
2	长枝榆	②	56	5	≥2	50	
3	白榆	③	3 193	5	≥2	50	
4	金叶榆	④	1 160	5	≥2	50	

表 3-18 灌木种植名录

序号	名称	图例	数量/株	规格			土球/cm	备注
				胸径/cm	蓬径/m	分枝/m		
1	油玫瑰	Ⓐ	1 023	≥1	≥1	≥1	25	不修剪
2	紫穗槐	Ⓑ	1 023.	≥1	≥1	≥1	25	不修剪
3	珍珠梅	Ⓒ	212	≥1	≥1	≥1	25	不修剪
4	黄刺玫	Ⓓ	182	≥1	≥1	≥1	25	不修剪
5	大果沙棘	Ⓔ	2 552	≥1	≥1	≥1	25	不修剪

(6) 绿化苗木工程量清单

分部分项工程和单价措施项目清单与计价表如表 3-19 所示。

表 3-19　分部分项工程和单价措施项目清单与计价表

工程名称：×××县××高速公路绿化廊道建设项目(施工)

标段：×××县××高速公路绿化廊道建设项目(施工)　　　　第　页　共　页

序号	项目编码	项目名称	项目特征描述	计量单位	工程量	金额/元		
						综合单价	合价	其中 暂估价
		分部分项 绿化苗木						
1	★ 050101009001	种植土回(换)填-灌木	[项目特征] 1. 回填土质要求：灌木种植土填土 2. 取土运距：由投标单位根据现场自行考虑 3. 回填厚度：片植灌木种植土填土厚度 0.6 m [工作内容] 1. 土方挖、运 2. 回填 3. 找平、找坡 4. 废弃物运输	m^3	11 187.86	8.34	93 306.75	
2	050101009002	种植土回(换)填-乔木	[项目特征] 1. 回填土质要求：乔木种植土填土 2. 取土运距：由投标单位根据现场自行考虑 3. 回填厚度：乔木种植土填土穴深 1.0 m，上下口宽 1.0 m [工作内容] 1. 土方挖、运 2. 回填 3. 找平、找坡 4. 废弃物运输	m^3	9 924.00	9.00	89 316.00	

续表 3-19

序号	项目编码	项目名称	项目特征描述	计量单位	工程量	金额/元		
						综合单价	合价	其中 暂估价
3	★ 050102001001	栽植乔木	[项目特征] 1. 种类：高酸海棠 2. 胸径：5 cm 3. 净干高：≥2 m 4. 土球：50 cm；带土球成品苗木到场后卸车、运至种植处，种植前修剪、修剪物外运至建筑垃圾场 5. 起挖方式：详见图纸设计 6. 种植堰：详见图纸设计 [工作内容] 1. 起挖 2. 运输 3. 栽植 4. 养护	株	5515	254.23	1 402 078.45	1 268 450.00
4	050102001002	栽植乔木	[项目特征] 1. 种类：长枝榆 2. 胸径：5 cm 3. 净干高：≥2 m 4. 土球：50 cm；带土球成品苗木到场后卸车、运至种植处，种植前修剪、修剪物外运至建筑垃圾场 5. 起挖方式：详见图纸设计 6. 种植堰：详见图纸设计 [工作内容] 1. 起挖 2. 运输 3. 栽植 4. 养护	株	56	194.23	10 876.88	9 520.00

续表 3-19

序号	项目编码	项目名称	项目特征描述	计量单位	工程量	金额/元		
						综合单价	合价	其中暂估价
5	050102001003	栽植乔木	[项目特征] 1. 种类:白榆 2. 胸径:5 cm 3. 净干高:≥2 m 4. 土球:50 cm;带土球成品苗木到场后卸车、运至种植处,种植前修剪、修剪物外运至建筑垃圾场 5. 起挖方式:详见图纸设计 [工作内容] 1. 起挖 2. 运输 3. 栽植 4. 养护	株	3 193	144.23	460 526.39	383 160.00
6	050102001004	栽植乔木	[项目特征] 1. 种类:金叶榆 2. 胸径:5 cm 3. 净干高:≥2 m 4. 土球:50 cm;带土球成品苗木到场后卸车、运至种植处,种植前修剪、修剪物外运至建筑垃圾场 5. 起挖方式:详见图纸设计 [工作内容] 1. 起挖 2. 运输 3. 栽植 4. 养护	株	1 160	224.23	260 106.80	232 000.00

续表 3-19

序号	项目编码	项目名称	项目特征描述	计量单位	工程量	金额/元		
						综合单价	合价	其中 暂估价
7	050102002001	栽植灌木	[项目特征] 1. 种类:带土球灌木-油玫瑰 2. 冠丛高:≥1 m 3. 蓬径:≥1 m 4. 分枝:≥1 m [工作内容] 1. 起挖 2. 运输 3. 栽植 4. 养护	株	1 023	35.48	36 296.04	25 575.00
8	050102002002	栽植灌木	[项目特征] 1. 种类:带土球灌木-紫穗槐 2. 冠丛高:≥1 m 3. 蓬径:≥1 m 4. 分枝:≥1 m [工作内容] 1. 起挖 2. 运输 3. 栽植 4. 养护	株	1 023	22.48	22 997.04	12 276.00
9	050102002003	栽植灌木	[项目特征] 1. 种类:带土球灌木-珍珠梅 2. 冠丛高:≥1 m 3. 蓬径:≥1 m 4. 分枝:≥1 m [工作内容] 1. 起挖 2. 运输 3. 栽植 4. 养护	株	212	22.48	4 765.76	2 544.00

续表 3-19

序号	项目编码	项目名称	项目特征描述	计量单位	工程量	金额/元		
						综合单价	合价	其中 暂估价
10	050102002004	栽植灌木	[项目特征] 1. 种类:带土球灌木-黄刺玫 2. 冠丛高:≥1 m 3. 蓬径:≥1 m 4. 分枝:≥1 m [工作内容] 1. 起挖 2. 运输 3. 栽植 4. 养护	株	182	28.48	5 183.36	3 270.06
11	050102002005	栽植灌木	[项目特征] 1. 种类:带土球灌木-大果沙棘 2. 冠丛高:≥1 m 3. 蓬径:≥1 m 4. 分枝:≥1 m [工作内容] 1. 起挖 2. 运输 3. 栽植 4. 养护	株	2552	25.48	65 024.96	38 280.00
12	050102001005	栽植乔木养护	[项目特征] 1. 种类:乔木 2. 胸径:5 cm 3. 净干高:≥2 m 4. 基肥施放要求:达到图纸设计要求 [工作内容] 1. 浇水 2. 施肥 3. 打药	株	9 924	28.86	286 406.64	

续表 3-19

序号	项目编码	项目名称	项目特征描述	计量单位	工程量	金额/元		
						综合单价	合价	其中暂估价
13	★ 050102002006	栽植灌木养护	[项目特征] 1. 种类:灌木 2. 基肥施放要求:达到图纸设计要求 3. 养护要求:达到图纸设计要求 4. 养护期:1 年 [工作内容] 1. 浇水 2. 施肥 3. 打药	m^2	18 646.44	13.88	258 812.59	
14	050403001001	树木支撑架	[项目特征] 1. 支撑类型、材质:三角支撑,木条 [工作内容] 1. 制作 2. 运输 3. 安装 4. 维护	株	9 924	10.34	102 614.16	
15	05B001	刺绳护栏	[项目特征] 1. 名称:钢丝网围栏 2. 边框及立柱型钢品种、规格:角钢柱,柱间 6 m,地面高度 1.2 m [工作内容] 1. 制作 2. 运输 3. 安装 4. 维护	m^2	2 814	36.98	104 061.72	
			小计				3 202 373.54	1 975 075.06

注:★表示有特殊要求或自定义项目编码。

【学徒任务】

项目	自评	企业评价
绿化工程的工程量计量单位		
草坪、花卉栽植工程量计算		

记录在学徒岗工作过程中遇到的绿化工程工程量的计算过程，不够可加页

任务 1-2 园路工程工程量计算

【任务目标与质量要求】

园路施工图是计算园路工程工程量的基础，必须具备识读园路施工图的能力。根据园路施工图列出绿化工程分项工程名称和工程量，是进行园林工程预算的第一步。列出园路工程的工程量清单后还需要仔细核对，不多算，不漏算，不错算，确定合理的计算顺序，保证计算精度，合理确定计量单位，并初步确定园路工程所需要人工、材料和机械的消耗量。

【学习产出目标】

1. 熟练识别园路施工图的平面图、立面图和剖面图。

2. 判定园路施工图中的材料和施工工艺。

3. 合理划分分项工程，确定园路工程工程量，仔细核对，不漏算、不多算、不少算。

4. 发现问题及时与企业师傅沟通，保证工作效率，营造良好工作氛围。

园路工程工程清单计算规范

园路、园桥工程工程量清单项目设置及工程量计算规则按表 3-20 的规定执行。

表 3-20　园路（编码：050201）

项目编码	项目名称	项目特征	计量单位	工程量计算规则	工程内容
050201001	园路	1. 路床土石类别 2. 垫层厚度、宽度、材料种类 3. 路面厚度、宽度、材料种类 4. 砂浆强度等级	m^2	按设计图示尺寸以面积计算，不包括路牙	1. 路基、路床整理 2. 垫层铺筑 3. 路面铺筑 4. 路面养护
050201003	路牙铺设	1. 垫层厚度、材料种类 2. 路牙材料种类、规格 3. 砂浆强度等级	m	按设计图示尺寸以长度计算	1. 基层清理 2. 垫层铺设 3. 路牙铺设
050201004	树池围牙、盖板（篦子）	1. 围牙材料种类、规格 2. 铺设方式 3. 盖板材料种类、规格	1. m 2. 套	1. 以米计量，按设计图示尺寸以长度计算 2. 以套计量，按设计图示数量计算	1. 清理基层 2. 围牙、盖板运输 3. 围牙、盖板铺设
050201005	嵌草砖（格）铺装	1. 垫层厚度 2. 铺设方式 3. 嵌草砖（格）品种、规格、颜色 4. 漏空部分填土要求	m^2	按设计图示尺寸以面积计算	1. 原土夯实 2. 垫层铺设 3. 铺砖 4. 填土

【业务经验】

园路工程量计算中，计算垫层工程量时宽度在面层基础上两边各拓宽 10 mm，面层按照实际尺寸计算。道牙、路沿石安装在园路两侧，不要漏算。

【工作任务实施记录与评价】

园路工程量计算的学徒考核方案，详见表 3-21。

表 3-21　园路工程量计算的学徒考核方案

考核内容	考核要求与标准	自我赋分	师傅赋分
1. 园路施工图识别（25 分）	（1）能对照施工图，辨别施工工艺和材料种类、规格 （2）会判读施工要素 （3）会对种植内容的合理性进行判读		
2. 划分分项工程名称（25 分）	（1）确定分项工程名称 （2）不多项，不漏项，不错项		

续表 3-21

考核内容	考核要求与标准	自我赋分	师傅赋分
3. 列出工程量（25 分）	（1）工程量正确 （2）精度无误 （3）计量单位正确		
4. 核对（15 分）	仔细、认真、不多算、不漏算、不少算，精度和计量单位无误		
5. 职业精神（10 分）	工作中认真负责，遵守企业规章制度，良好有效沟通，尊重企业师傅		

【考核】

1. 学徒关键职业能力及职业品质、工匠精神评价

项目	A	B	C	D
工作态度				
吃苦耐劳				
团队协作				
沟通交流				
学习钻研				
认真负责				
诚实守信				

2. 学徒的考核

项目	85 分以上	70～85 分	60～69 分	60 分以下	权重
园路施工图的内容					50%
分项工程					20%
计量单位					15%
工程量					5%
精度					5%
学徒手册					5%
总体评价					

【园路工程工程量计算案例】

1. 某小游园中一园路（图 3-6）路面为卵石路面，该路长 100 m，宽 2.5 m，70 mm 厚混凝土栽小卵石，40 mm 厚 M2.5 混合砂浆，200 mm 厚碎砖三合土，计算该园路工程量。

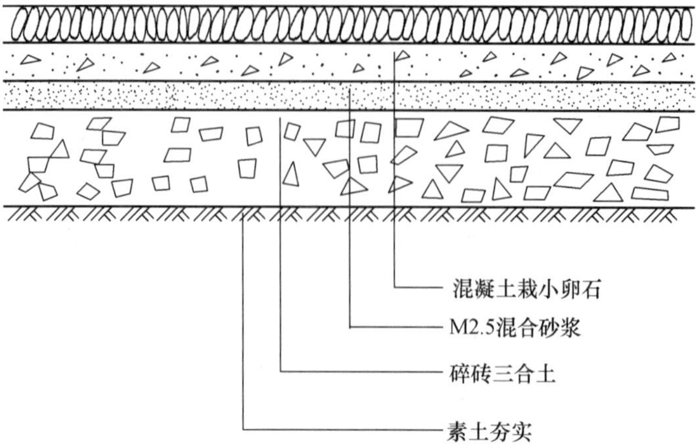

图 3-6　某园路剖面图

解：

项目编码：050201001

项目名称：园路

工程量计算规则：按设计图示尺寸以面积计算，不包括路牙

识图分析：园路长 100 m，宽 2.5 m

工程量计算：S＝100×2.5＝250.00（m^2）

清单工程量计算见表 3-22。

表 3-22　园路工程量清单

项目编码	项目名称	项目特征	计量单位	工程量
050201001001	园路	70 mm 厚混凝土栽小卵石，40 mm 厚混合砂浆，200 mm 厚碎砖三合土	m^2	250.00

2. 某道路长 200 m，为了使其路面与路肩在高程上起衔接作用，并能保护路面，便于排水，在其道路的路面两侧安置道牙。图 3-7 为平道牙剖面示意图，试求其工程量。

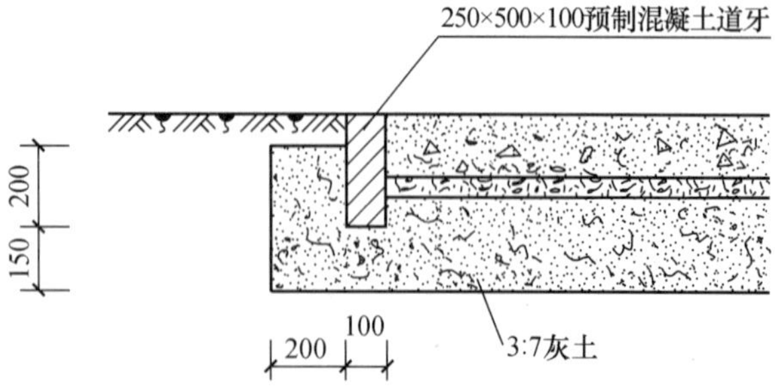

图 3-7　平道牙剖面图（单位：mm）

解：

项目编码：050201003

项目名称：路牙铺设

工程量计算规则：按设计图示尺寸以长度计算

识图分析：该道路两边均安置道牙，所以道牙的工程量为 2 倍的道路长

工程量计算：2×200＝400.00（m）

清单工程量计算见表 3-23。

表 3-23 路牙铺设工程量清单

项目编码	项目名称	项目特征	计量单位	工程量
050201003001	路牙铺设	路牙铺设	m	400.00

【学徒任务】

项目	自评	企业评价
垫层和面层计算时有什么不同		
根据面层的工程量和材料的规格如何计算面层所需要材料的数量		

记录在学徒岗工作过程中遇到的园路工程工程量的计算过程，不够可加页

任务 1-3 园林景观工程工程量计算

【任务目标与质量要求】

园林景观施工图是计算园林景观工程工程量的基础，必须具备识读各种园林景观施工图的能力。根据园林景观施工图列出绿化工程分项工程名称和工程量，是编制园林景观工程预算书的第一步。列出园林景观的工程量清单后还需要仔细核对，不多算，不漏算，不错算，确定合理的计算顺序，保证计算精度，合理确定计量单位，并初步确定园林景观工程所需要人工、材料的消耗量。

【学习产出目标】

1. 熟练识别园林景观施工图的平面图、立面图和剖面图。

2. 判定园林景观施工图中的材料和施工工艺。

3. 合理划分分项工程，确定园林景观工程工程量，仔细核对，不漏算、不多算、不少算。

4. 发现问题及时与企业师傅沟通，保证工作效率，营造良好工作氛围。

园林景观工程清单计算规范

（一） 堆塑假山

堆塑假山工程量清单项目设置及工程量计算规则按表3-24的规定执行。

表3-24 堆塑假山（编码：050301）

项目编码	项目名称	项目特征	计量单位	工程量计算规则	工程内容
050301001	堆筑土山丘	1. 土丘高度 2. 土丘坡度要求 3. 土丘底外接矩形面积	m^3	按设计图示山丘水平投影外接矩形面积乘以高度的1/3以体积计算	1. 取土、运土 2. 堆砌、夯实 3. 修整
050301002	堆砌石假山	1. 堆砌高度 2. 石料种类、单块重量 3. 混凝土强度等级 4. 砂浆强度等级、配合比	t	按设计图示尺寸以质量计算	1. 选料 2. 起重机搭、拆 3. 堆砌、修整
050301003	塑假山	1. 假山高度 2. 骨架材料种类、规格 3. 山皮料种类 4. 混凝土强度等级 5. 砂浆强度等级、配合比 6. 防护材料种类	m^2	按设计图示尺寸以展开面积计算	1. 骨架制作 2. 假山胎模制作 3. 塑假山 4. 山皮料安装 5. 刷防护材料
050301004	石笋	1. 石笋高度 2. 石笋材料种类 3. 砂浆强度等级、配合比	支	1. 以块（支、个）计量，按设计图示数量计算 2. 以吨计量，按设计图示石料质量计算	1. 选石料 2. 石笋安装
050301005	点风景石	1. 石料种类 2. 石料规格、重量 3. 砂浆配合比	1. 块 2. t		1. 选石料 2. 起重架搭、拆 3. 点石
050301006	池、盆景置石	1. 底盘种类 2. 山石高度 3. 山石种类 4. 混凝土砂浆强度等级 5. 砂浆强度等级、配合比	1. 座 2. 个		底盘制作、安装池、盆景山石安装、砌筑
050301007	山（卵）石护角	1. 石料种类、规格 2. 砂浆配合比	m^3	按设计图示尺寸以体积计算	1. 石料加工 2. 砌石
050301008	山坡(卵)石台阶	1. 石料种类、规格 2. 台阶坡度 3. 砂浆强度等级	m^2	按设计图示尺寸以水平投影面积计算	1. 选石料 2. 台阶砌筑

（二）原木、竹构件

工程量清单项目设置及工程量计算规则按表 3-25 的规定执行。

表 3-25　原木、竹构件（编码：050302）

项目编码	项目名称	项目特征	计量单位	工程量计算规则	工程内容
050302001	原木（带树皮）柱、梁、檩、椽	1. 原木种类 2. 原木直（梢）径（不含树皮厚度） 3. 墙龙骨材料种类、规格 4. 墙底层材料种类、规格 5. 构件连接方式 6. 防护材料种类	m	按设计图示尺寸以长度计算（包括榫长）	1. 构件制作 2. 构件安装 3. 刷防护材料
050302002	原木（带树皮）		m^2	按设计图示尺寸以面积计算（不包括柱、梁）	
050302003	树枝吊挂楣子			按设计图示尺寸以框外围面积计算	
050302004	竹柱、梁、檩、椽	1. 竹种类 2. 竹（梢）径 3. 连接方式 4. 防护材料种类	m	按设计图示尺寸以长度计算	1. 构件制作 2. 构件安装 3. 刷防护材料
050302005	竹编墙	1. 竹种类 2. 墙龙骨材料种类、规格 3. 墙底层材料种类、规格 4. 防护材料种类	m^2	按设计图示尺寸以面积计算（不包括柱、梁）	
050302006	竹吊挂楣子	1. 竹种类 2. 竹梢径 3. 防护材料种类		按设计图示尺寸以框外围面积计算	

（三）亭廊屋面

工程量清单项目设置及工程量计算规则按表 3-26 的规定执行。

表 3-26　亭廊屋面（编码：050303）

项目编码	项目名称	项目特征	计量单位	工程量计算规则	工程内容
050303001	草屋面	1. 屋面坡度 2. 铺草种类 3. 竹材种类 4. 防护材料种类	m^2	按设计图示尺寸以斜面计算	1. 整理、选料 2. 屋面铺设 3. 刷防护材料
050303002	竹屋面				
050303003	树皮屋面				
050303004	油毡瓦屋面 1. 冷底子油品种 2. 冷底子油涂刷遍数 3. 油毡瓦颜色规格	1. 檐口高度 2. 屋面坡度 3. 板厚 4. 椽子截面 5. 老角梁、子角梁截面 6. 脊截面 7. 混凝土强度等级	m^3		1. 清理基层 2. 材料裁接 3. 刷油 4. 铺设

续表 3-26

项目编码	项目名称	项目特征	计量单位	工程量计算规则	工程内容
050303005	预制混凝土穹顶	1. 穹顶弧长、直径 2. 肋截面尺寸 3. 板厚 4. 混凝土强度等级 5. 拉杆材质、规格	m^3	按设计图示尺寸以体积计算。混凝土脊和穹顶的肋、基梁并入屋面体积	1. 制作 2. 运输 3. 安装 4. 接头灌缝、养护
050303006	彩色压型钢板（夹芯板）攒尖亭屋面板	1. 屋面坡度 2. 穹顶弧长、直径 3. 彩色压型钢板（夹芯板）品种、规格、品牌、颜色 4. 拉杆材质、规格 5. 嵌缝材料种类 6. 防护材料种类	m^2	按设计图示尺寸以面积计算	1. 压型板安装 2. 护角、包角、泛水安装 3. 嵌缝 4. 刷防护材料
050303009	彩色压型钢板（夹芯板）穹顶				

（四）花架

工程量清单项目设置及工程量计算规则按表 3-27 的规定执行。

表 3-27　花架（编码：050304）

项目编码	项目名称	项目特征	计量单位	工程量计算规则	工程内容
050304001	现浇混凝土花架柱、梁	1. 柱截面、高度、根数 2. 盖梁截面、高度、根数 3. 连系梁截面、高度、根数 4. 混凝土强度等级	m^3	按设计图示尺寸以体积计算	1. 模板制作、运输、安装、拆除、保养 2. 混凝土制作、运输、浇筑、振捣、养护
050304002	预制混凝土花架柱、梁	1. 柱截面、高度、根数 2. 盖梁截面、高度、根数 3. 连系梁截面、高度、根数 4. 混凝土强度等级 5. 砂浆配合比	m^3	按设计图示尺寸以体积计算	1. 模板制作、运输、安装、拆除、保养 2. 混凝土制作、运输、浇筑、振捣、养护 3. 构件运输、安装 4. 砂浆制作、运输 5. 接头推缝、养护
050304003	金属花架柱、梁	1. 钢材品种、规格 2. 柱、梁截面 3. 油漆品种、刷漆遍数	t	按设计图示尺寸以质量计算	1. 制作、运输 2. 安装 3. 油漆
050304004	木花架柱、梁	1. 木材种类 2. 柱、梁截面 3. 连接方式 4. 防护材料种类	m^3	按设计图示截面乘长度（包括榫长）以体积计算	1. 构件制作、运输、安装 2. 刷防护材料、油漆
050304005	竹花架柱、梁	1. 竹种类 2. 竹胸径 3. 油漆品种、刷漆遍数	1. m 2. 根	1. 以长度计量，按设计图示花架构件尺寸以延长米计算 2. 以根计量，按设计图示花架柱、梁数值计算	1. 制作 2. 运输 3. 安装 4. 油漆

（五）园林桌椅

工程量清单项目设置及工程量计算规则按表 3-28 的规定执行。

表 3-28　园林桌椅（编码：050305）

<table>
<tr><th>项目编码</th><th>项目名称</th><th>项目特征</th><th>计量单位</th><th>工程量计算规则</th><th>工程内容</th></tr>
<tr><td>050305001</td><td>预制钢筋混凝土飞来椅</td><td>1. 座凳面厚度、宽度
2. 靠背扶手截面
3. 靠背截面
4. 座凳楣子形状、尺寸
5. 混凝土强度等级
6. 砂浆配合比</td><td>m</td><td>按设计图示尺寸以座凳面中心线长度计算</td><td>1. 模板制作、运输、安装、拆除、保养
2. 混凝土制作、运输、浇筑、振捣、养护
3. 构件运输、安装
4. 砂浆制作、运输、抹面、养护
5. 接头灌缝、养护</td></tr>
<tr><td>050305004</td><td>现浇混凝土桌凳</td><td>1. 桌凳形状
2. 基础尺寸、埋设深度
3. 桌面尺寸、支墩高度
4. 凳面尺寸、支墩高度
5. 混凝土强度等级、砂浆配合比</td><td>个</td><td>按设计图示数量计算</td><td>1. 模板制作、运输、安装、拆除、保养
2. 混凝土制作、运输、浇筑、振捣、养护
3. 砂浆制作、运输</td></tr>
<tr><td>050305006</td><td>石桌石凳</td><td>1. 石材种类
2. 基础形状、尺寸、埋设深度
3. 桌面形状、尺寸、支墩高度
4. 凳面尺寸、支墩高度
5. 混凝土强度等级
6. 砂浆配合比</td><td rowspan="5">个</td><td rowspan="5">按设计图示数量计算</td><td>1. 土方挖运
2. 桌凳制作
3. 桌凳运输
4. 桌凳安装
5. 砂浆制作、运输</td></tr>
<tr><td>050305007</td><td>水磨石桌凳</td><td>1. 基础形状、尺寸、埋设深度
2. 桌面形状、尺寸、支墩高度
3. 凳面尺寸、支墩高度
4. 混凝土强度等级
5. 砂浆配合比</td><td>1. 桌凳制作
2. 桌凳运输
3. 桌凳安装
4. 砂浆制作、运输</td></tr>
<tr><td>050305008</td><td>塑树根桌凳</td><td rowspan="2">1. 桌凳直径
2. 桌凳高度
3. 砖石种类
4. 砂浆强度等级、配合比
5. 颜料品种、颜色</td><td rowspan="2">1. 砂浆制作、运输
2. 砖石砌筑
3. 塑树皮
4. 绘制木纹</td></tr>
<tr><td>050305009</td><td>塑树节椅</td></tr>
<tr><td>050305010</td><td>塑料、铁艺、金属椅</td><td>1. 木座板面截面
2. 座椅规格、颜色
3. 混凝土强度等级
4. 防护材料种类</td><td>1. 制作
2. 安装
3. 刷防护材料</td></tr>
</table>

注：木质飞来椅按现行国家标准《仿古建筑工程工程量计算规范》（GB 50855—2013）相关项目编码列项

（六） 喷泉安装

工程量清单项目设置及工程量计算规则按表 3-29 的规定执行。

表 3-29 喷泉安装（编码：050306）

项目编码	项目名称	项目特征	计量单位	工程量计算规则	工程内容
050306001	喷泉	1. 管材、管件、水泵、阀门、喷头品种 2. 管道固定方式 3. 防护材料种类	m	按设计图示尺寸以长度计算	1. 土(石)方挖运 2. 管材、管件、水泵、阀门、喷头安装 3. 刷防护材料 4. 回填
050306002	喷泉电缆	1. 保护管品种、规格 2. 电缆品种、规格			1. 土(石)方挖运 2. 电缆保护管安装 3. 电缆敷设 4. 回填
050306003	水下艺术装饰灯具	1. 灯具品种、规格、品牌 2. 灯光颜色	套	按设计图示数量计算	1. 灯具安装 2. 支架制作、运输、安装
050306004	电气控制柜	1. 规格、型号 2. 安装方式	台		1. 电气控制柜(箱)安装 2. 系统调试
050306005	喷泉设备	1. 设备品种 2. 设备规格、型号 3. 防护网品种、规格			1. 设备安装 2. 系统调试 3. 防护网安装

（七） 杂项

工程量清单项目设置及工程量计算规则按表 3-30 的规定执行。

表 3-30 杂项（编码：050307）

项目编码	项目名称	项目特征	计量单位	工程量计算规则	工程内容
050307001	石灯	1. 石料种类 2. 石灯最大截面 3. 石灯高度 4. 混凝土强度等级 5. 砂浆配合比	个	按设计图示数量计算	1. 土(石)方挖运 2. 混凝土制作、运输、浇筑、振捣、养护 3. 石灯制作、安装
050307002	石球	1. 石料种类 2. 球体直径 3. 砂浆配合比			
050307003	塑仿石音箱	1. 音箱石内空尺寸 2. 铁丝型号 3. 砂浆配合比 4. 水泥漆品牌、颜色			1. 胎模制作、安装 2. 铁丝网制作、安装 3. 砂浆制作、运输、养护 4. 喷水泥漆 5. 埋置仿石音箱

续表 3-30

项目编码	项目名称	项目特征	计量单位	工程量计算规则	工程内容
050307004	塑树皮梁、柱	1. 塑树种类 2. 塑竹种类 3. 砂浆配合比 4. 喷字规格、颜色 5. 油漆品种、颜色	1. m^2 2. m	按设计图示尺寸以梁柱外表面积计算或以构件长度计算	1. 灰塑 2. 刷涂颜料
050307005	塑竹梁、柱				
050307006	铁艺栏杆	1. 铁艺栏杆高度 2. 铁艺栏杆单位长度重量 3. 防护材料种类	m	按设计图示尺寸以长度计算	1. 铁艺栏杆安装 2. 刷防护材料
050307007	塑料栏杆	1. 栏杆高度 2. 塑料种类			1. 下料 2. 安装 3. 校正
050307008	钢筋混凝土艺术围栏	1. 围栏高度 2. 混凝土强度等级 3. 表面涂敷材料种类	m^2	按设计图示尺寸以面积计算	1. 安装 2. 砂浆制作、运输 3. 接头灌缝、养护
050307009	标志牌	1. 材料种类、规格 2. 镌字规格、种类 3. 喷字规格、颜色 4. 油漆品种、颜色	个	按设计图示数量计算	1. 选料 2. 标志牌制作 3. 雕凿 4. 镌字、喷字 5. 运输、安装 6. 刷油漆
0503070010	景墙	1. 土质类别 2. 垫层材料种类 3. 基础材料种类、规格 4. 墙体材料种类、规格 5. 墙体厚度 6. 砼、砂浆强度等级、配合比 7. 饰面材料种类	1. m^3 2. 段	1. 以立方米计量，按设计图示尺寸以体积计算 2. 以段计量，按设计图示尺寸以数量计算	1. 土(石)方挖运 2. 垫层、基础铺设 3. 墙体砌筑 4. 面层铺贴
0503070011	景窗	1. 景窗材料品种、规格 2. 砼强度等级 3. 砂浆强度等级、配合比 4. 涂刷材料品种	m^2	按设计图示尺寸以面积计算	1. 制作 2. 运输 3. 砌筑安放 4. 勾缝 5. 表面涂刷
0503070012	花饰	1. 花饰材料品种、规格 2. 砂浆配合比 3. 涂刷材料品种			

续表 3-30

项目编码	项目名称	项目特征	计量单位	工程量计算规则	工程内容
0503070013	博古架	1. 博古架材料品种、规格 2. 砼强度等级 3. 砂浆配合比 4. 涂刷材料品种	1. m^2 2. m 3. 个	1. 以平方米计量，按设计图示尺寸以面积计算 2. 以米计量，按设计图示尺寸以延长米计算 3. 以个计量，按设计图示尺寸以数量计算	1. 制作 2. 运输 3. 砌筑安放 4. 勾缝 5. 表面涂刷
050307014	花盆（坛、箱）	1. 花盆（坛）的材质及类型 2. 规格尺寸 3. 混凝土强度等级 4. 砂浆配合比	个	按设计图示尺寸以数量计算	1. 制作 2. 运输 3. 安放

注：砌筑果皮箱、放置盆景的须弥座等，应按砖石砌小摆设项目编码列项

（八）园林绿化

(1)园林绿化工程中需要用到的仿古建筑工程量清单项目设置及工程量计算规则按表 3-31 的规定执行(借用仿古建筑工程工程量清单计算规范)。

表 3-31　仿古建筑工程工程量清单计算规范

项目编码	项目名称	项目特征	计量单位	工程量计算规则	工程内容
020511001	鹅颈靠背	1. 构件类型、式样 2. 构件高度 3. 木材品种 4. 框、芯截面尺寸 5. 雕刻的纹样 6. 防护材料种类、涂刷遍数	1. m^2 2. m	1. 以平方米计量，按设计图示尺寸以面积计算 2. 以米计量，按设计图示长度以延长米计算	1. 框、芯、靠背制作 2. 雕刻 3. 安装 4. 刷防护材料

(2) 园林绿化工程中需要用到的构筑物工程量清单项目设置及工程量计算规则按表 3-32 的规定执行（借用构筑物工程工程量清单计算规范）。

表 3-32 构筑物工程工程量清单计算规范

项目编码	项目名称	项目特征	计量单位	工程量计算规则	工程内容
070101001	池底板	1. 池形状、池深 2. 垫层材料种类、厚度 3. 混凝土种类 4. 混凝土强度等级	m^3	按设计图示尺寸以体积计算，不扣除构件内钢筋、预埋铁件及单个面积≤0.3 m^2 的孔洞所占体积	1. 模板及支架(撑)制作、安装、拆除、堆放、运输及清理 2. 模内杂物、刷隔离剂等 3. 混凝土制作、运输、浇筑、振捣、养护
070101002	池壁	1. 池形状、池深 2. 混凝土种类 3. 混凝土强度等级 4. 壁厚			

【业务经验】

1. 熟悉与掌握工程施工设计资料和图纸

编制园林工程预算时，熟悉设计图纸及其资料是最重要的环节之一。设计图纸、说明书中有关工程的规格、规模、任务等都会为确定预算提供相应的施工工程量以及定额。尤其是苗木的规格说明，裸根还是带土球，全冠还是截干，南方苗木还是北方苗木，不同规格都直接影响苗木的单价，从而影响整个园林工程的造价。

2. 明确工程项目

计算工程量编制园林工程预算时，项目确定、计算工程量是基础资料。划分工程项目是否完整，工程量的计算是否严密、准确，都会影响到编制的质量以及工程总造价。因此，对于预算编制人员不仅需要有专业的造价知识作为支撑，更需要预算人员要及时地深入现场掌握第一手情况，了解相应的现场施工知识。在工程量计算中，需要了解基本的方法、规则以及要求，严格遵守相关规定，将图纸上的项目计算准确，还应充分考虑到实际中存在、但在设计图纸上并未加以说明的项目。例如，该绿化工程是否具备给水条件，如果需要水车浇水，在编制预算过程中就要相应增加绿地浇水的费用。

3. 合理组成园林工程综合单价

综合单价存在 2 种形式：完全综合单价和不完全综合单价。

(1) 不完全综合单价＝人工＋材料＋机械＋管理＋利润＋风险，综合单价是完成一个规定计量单位的分部分项工程量清单项目或措施清单项目所需的人工费、材料费、施工机械使用费和企业管理费与利润，以及一定范围内的风险费用。一个分部分项的完成，需要相关的子目进行组价，例如，乔木栽植工程包括挖树坑、栽植乔木、苗木单价、苗木养护、树木支撑、防寒等相关定额子目组成综合单价。综合单价乘以分项工程工程量即为分部分项工程费，工程造价＝Σ分部分项工程＋措施费＋规费＋税金；大部分工程采用这种综合单价形式。

（2）完全综合单价（包括一切费用）这个就是包干价，一般在特殊工程采用，如打桩、钢结构等，也就是市场价与定额价相差较大的情况。全费用综合单价＝人工费＋材料费＋机械费＋管理费＋利润＋风险＋措施工程费＋规费＋税金。综合单价乘以工程量即得到工程造价。

4. 熟悉施工组织设计方案

园林工程施工组织设计是在把握好经济性、合理性、科学性的原则下，确定园林工程的施工方法与顺序，且在分析工程特点以及现场的地质、环境等条件后编制出来的施工方案。对于不同施工方案的选取，会直接影响到项目的工程造价，而且差异较大。例如：园林工程的现场土质条件是否符合绿化种植标准，如果不符合，需要清运废土、回填好土，这些内容都与预算项目的选用及实际计算的费用密切相关。因此，预算的编制人员需要对施工组织设计方案有全方位的了解。

【工作任务实施记录与评价】

园林景观工程量计算的学徒考核方案，详见表3-33。

表3-33 园林景观工程量计算的学徒考核方案

考核内容	考核要求与标准	自我赋分	师傅赋分
1. 园林景观施工图识别(25分)	(1)能对照施工图，辨别施工工艺和材料种类、规格 (2)会判读施工要素 (3)会对设置内容的合理性进行判读		
2. 划分分项工程名称(25分)	(1)确定分项工程名称 (2)不多项，不漏项，不错项		
3. 列出工程量(25分)	(1)工程量正确 (2)精度无误 (3)计量单位正确		
4. 核对(15分)	仔细、认真、不多算、不漏算、不少算，精度和计量单位无误		
5. 职业精神(10分)	工作中认真负责，遵守企业规章制度，良好有效沟通，尊重企业师傅		

【考核】

1. 学徒关键职业能力及职业品质、工匠精神评价

项目	A	B	C	D
工作态度				
吃苦耐劳				
团队协作				
沟通交流				
学习钻研				
认真负责				
诚实守信				

2. 学徒的考核

项目	85分以上	70～85分	60～69分	60分以下	权重
园林景观施工图的内容					50%
分项工程					20%
计量单位					15%
工程量					5%
精度					5%
学徒手册					5%
总体评价					

【园林景观工程工程量计算案例】

1. 某私家园林中有一个太湖石堆砌的假山，山高2.5 m，假山平面轮廓的水平投影外接矩形长7 m，宽3 m，投影面积为21 m^2，假山顶有一小块景石，此景石平均长2 m，宽1 m，高1.5 m（图3-8）。山上还设有山石台阶，台阶平面投影长1.8 m，宽0.6 m，每个台阶高0.2 m，台阶两旁种有小灌木。山石用水泥砂浆砌筑，假山下为灰土基础，3∶7灰土厚45 mm，素土夯实。计算其工程量。

$$W_{单}=L_{均}B_{均}H_{均}\quad RW=AHRK_n$$

式中：W—石料重量（t）；

A—假山平面轮廓的水平投影面积（m^2）；

H—假山着地点至最高顶点的垂直距离（m）；

R—石料比重：黄（杂）石2.6 t/m^3、湖石2.2 t/m^3；

K_n折算系数：高度在2 m以内$K_n=0.65$，高度4 m以内$K_n=0.56$；

$W_{单}$—山石单体重量（t）；

$L_{均}$—长度方向的平均值（m）；

$B_{均}$—宽度方向的平均值（m）；

$H_{均}$—高度方向的平均值（m）。

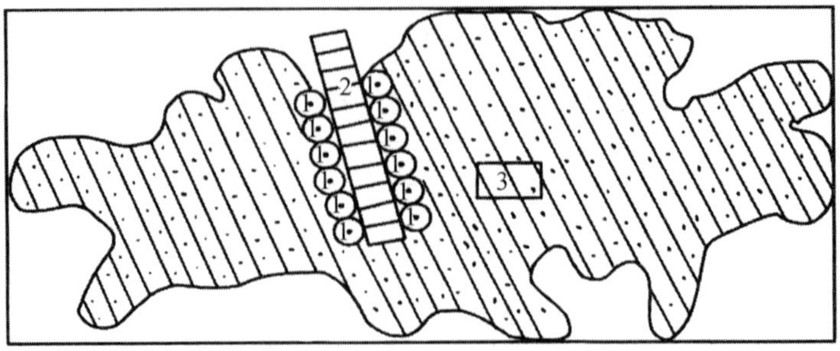

(a)

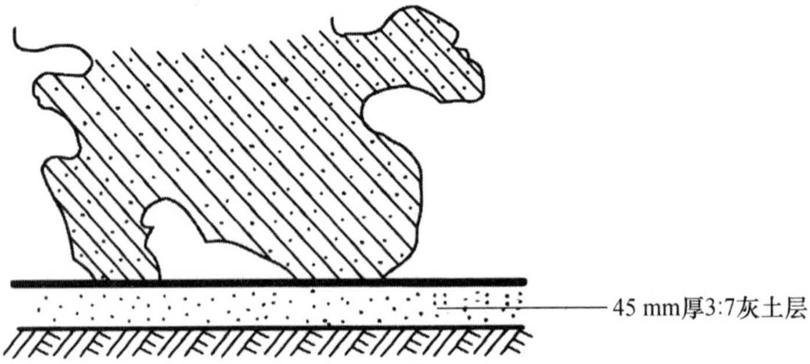

(b)

图 3-8　假山水平投影图、剖面图

(a) 假山水平投影图；(b) 假山剖面图

1—金钟花；2—山石踏步；3—风景石

解：

(1) 项目编码：050301002

项目名称：堆砌石假山

工程量计算规则：按设计图示尺寸以质量计算

识图与分析：假山石投影面积 21 m^2，山高 2.5 m，湖石 2.2 t/m^3 高度在 4 m 以内折算系数为 0.56

工程量计算：假山石料重量 $W=AHRK_n=21\times2.5\times2.2\times0.56=64.680$ (t)

(2) 项目编码：050301005

项目名称：点风景石

工程量计算规则：按图示设计石料以质量计量

识图与分析：小块景石平均长 2 m，宽 1 m，高 1.5 m。湖石 2.2 t/m^3。高度在 4 m 以内折算系数为 0.56。

工程量计算：风景石单体重量 $W_{单}=L_{均}B_{均}H_{均}R=2\times1\times1.5\times2.2=6.600$ (t)

(3) 项目编码：050301008

项目名称：山坡（卵）石台阶

工程量计算规则：按设计图示尺寸以投影面积计算

识图与分析：台阶投影长 1.8 m，宽 0.6 m。

工程量计算：石台阶水平投影面积 S＝长×宽＝1.8×0.6＝1.08（m^2）

（4）项目编码：050102002

项目名称：栽植灌木

工程量计算规则：按设计图示数量计算

识图与分析：金钟花 12 株

清单工程量计算：见表 3-34。

表 3-34 清单工程量计算表

序号	项目编码	项目名称	项目特征描述	计量单位	工程量
1	050301002001	堆砌石假山	太湖石堆砌，山高 2.5 m	t	64.680
2	050301005001	点风景石	平均长 2 m，宽 1 m，高 1.5 m	块	1
3	050301008001	山坡石台阶	水泥砂浆砌筑，台阶平面投影长 1.8 m，宽 0.6 m，每个台阶高 0.2 m	m^2	1.08
4	050102002001	栽植灌木	金钟花	株	12

2. 某花架柱、梁、檩条全为原木矩形构件，每根柱长 0.3 m，宽 0.3 m，高 2.2 m，每根梁长 1.5 m，宽 0.3 m，高 0.3 m，每根檩条长 7 m，宽 0.4 m，高 0.3 m，如图 3-9 所示求工程量。

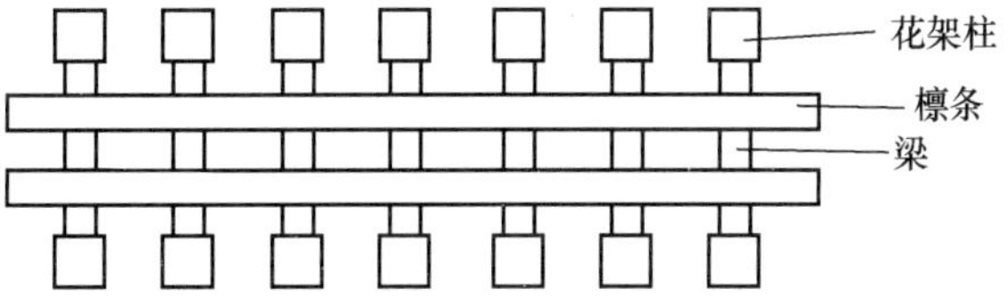

图 3-9 花架平面示意图

解：

项目编码：050302001

项目名称：原木（带树皮）柱、梁、檩、椽

工程量计算规则：按设计图示尺寸以长度计算。

识图与分析：每根柱高 2.2 m，共 14 根柱；每根梁长 1.5 m，共 7 根梁，每根檩条长 7 m，共 2 根檩条。

工程量计算：

（1）柱子的总长度 L＝每根柱子的高度×根数＝2.2×14＝30.8（m）

（2）梁的总长度 L＝每根梁的长度×根数＝1.5×7＝10.5（m）

（3）檩条的总长度 L＝每根檩条的长度×根数＝7×2＝14.0（m）

（4）清单工程量计算见表 3-35。

表 3-35　清单工程量计算表

序号	项目编码	项目名称	项目特征描述	计量单位	工程量
1	050302001001	原木（带树皮）柱、梁、檩、椽	每根柱长 0.3 m，宽 0.3 m，高 2.2 m	m	30.8
2	050302001002	原木（带树皮）柱、梁、檩、椽	每根梁长 1.5 m，宽 0.3 m，高 0.3 m	m	10.5
3	050302001003	原木（带树皮）柱、梁、檩、椽	每根檩条长 7 m，宽 0.4 m，高 0.3 m	m	14.0

【学徒任务】

项目	自评	企业评价
景观工程如花坛、景墙、石凳的垫层计算和园路垫层计算的不同点		
塑假山和堆砌假山工程量的计算方式分别是什么		
以延长米为计量单位的分项工程有哪些		

记录在学徒岗工作过程中遇到的景观工程工程量的计算过程，不够可加页

任务 2　划分工程项目及编制工程量清单

【专业知识准备】

一、 划分工程项目

在一定的地域运用工程技术和艺术手段，通过改造地形（或进一步筑山、叠石、理水）、种植树木花草、营造建筑和布置园路等途径创作而成的美的自然环境和游憩境域，就称为园林。园林包括庭园、宅园、小游园、花园、公园、植物园、动物园等，随着园林学科的发展，园林还包括森林公园、广场、街道、风景名胜区、自然保护区或国家公园的游览区以及休养胜地。

园林建设工程项目是以工程项目为管理对象的项目管理，是在一定的约束条件下，以最优地实现工程项目目标为目的，按照其内在的逻辑规律对工程项目进行有效的计划、组织、协调、指挥、控制的系统管理活动。

园林建设工程项目包括工程总项目、单项工程、单位工程、分部工程、分项工程。

（一） 工程总项目

工程总项目指在一个场地上或数个场地上，按照一个总体设计进行施工的各个工程项目的总和，如一个公园、一个游乐场、一个动物园等就是一个工程总项目。

（二） 单项工程

单项工程指在工程项目中具有独立的设计文件，建成后可以独立发挥生产能力或效益，具有独立存在意义的工程。一个工程项目中可以有几个单项工程，也可以只有一个单项工程，如一个公园里的餐厅、喷泉景况、水榭等。

（三） 单位工程

单位工程指具有单独设计文件，可以独立组织施工的工程，是单项工程的组成部分，它不能独立发挥生产能力。如餐厅工程中的给排水工程、照明工程等。

（四） 分部工程

分部工程是单位工程的组成部分，它是按工程部位、设备种类和型号、使用的材料和工种等的不同而分类的。如一般土建工程的房屋（单位工程）可划分为土石方分部工程、基础分部工程、楼地面分部工程、屋面分部工程、木结构及装修分部工程等。

在分部工程中影响工、料、机械消耗多少的因素仍然很多。例如同样都是砖石工程的砌基础和砌墙体，但它们所消耗的工、料、机械相差很大。所以，还必须把分部工程再分解为分项工程。

（五） 分项工程

分项工程指分部工程中按照不同的施工方法、不同的材料、不同的规格等因素进一步划分的最基本的工程项目。

园林绿化工程分为 3 个分部工程：绿化工程，园路、园桥、假山工程，园林景观工程。每个分部工程又分为若干个子分部工程。每个子分部工程中又分为若干个分项工程。每个分项工程有一个项目编码。

1. 绿化工程

绿化工程分为 3 个子分部工程：绿地管理，栽植花木，绿地喷灌。

（1）绿地管理　分项工程包括：伐树、挖树根；砍挖灌木丛；挖竹根；挖芦苇根；清除草皮；整理绿化用地；屋顶花园基底处理。

（2）栽植花木　分项工程包括：栽植乔木；栽植竹类；栽植棕榈类；栽植灌木；栽植绿篱；栽植攀援植物；栽植色带；栽植花卉；栽植水生植物；铺种草皮；喷播植草。

（3）绿地喷灌　分项工程包括喷灌设施。

2. 园路、园桥、假山工程

园路、园桥、假山工程分为3个子分部工程：园路、桥工程，堆塑假山，驳岸。

（1）园路、桥工程　分项工程包括：园路；路牙铺设；树池围牙、盖板；嵌草砖铺装；石桥基础；石桥墩、石桥台；拱旋石制作、安装；石旋脸制作、安装；金刚墙砌筑；石桥面铺筑；石桥面檐板；仰天石、地伏石；石望柱；栏杆、扶手；栏板、撑鼓；木制步桥。

（2）堆塑假山　分项工程包括：堆筑土山丘；堆砌石假山；塑假山；石笋；点风景石；池石、盆景山；山石护角；山坡石台阶。

（3）驳岸　分项工程包括：石砌驳岸；原木桩驳岸；散铺砂卵石护岸（自然护岸）。

3. 园林景观工程

园林景观工程分为7个子分部工程：堆塑假山，原木、竹构件，亭廊屋面，花架，园林桌椅，喷泉安装，杂项。

（1）堆塑假山　分项工程包括：堆筑土山丘；堆砌石假山；塑假山；石笋；点风景石；池、盆景置石；山（卵）石护角；山坡（卵）石台阶。

（2）原木、竹构件　分项工程包括：原木（带树皮）柱、梁、檩、椽；原木（带树皮）；树枝吊挂楣子；竹柱、梁、檩、椽；竹编墙；竹吊挂楣子。

（3）亭廊屋面　分项工程包括：草屋面；竹屋面；树皮屋面；油毡瓦屋面；预制混凝土穹顶；彩色压型钢板（夹芯板）攒尖亭屋面板；彩色压型钢板（夹芯板）穹顶。

（4）花架　分项工程包括：现浇混凝土花架柱、梁；预制混凝土花架柱、梁；金属花架柱、梁；木花架柱、梁；竹花架柱、梁。

（5）园林桌椅　分项工程包括：预制钢筋混凝土飞来椅；现浇混凝土桌凳；石桌石凳；水磨石桌凳；塑树根桌凳；塑树节椅；塑料、铁艺、金属椅。

（6）喷泉安装　分项工程包括：喷泉；喷泉电缆；水下艺术装饰灯具；电气控制柜。

（7）杂项　分项工程包括：石灯；塑树皮梁、柱；塑竹梁、柱；铁艺栏杆；标志牌；景墙；花盆（坛、箱）；砖石砌小摆设；柔性水池。

二、 编制工程量清单

（一） 工程量清单计价的作用

(1) 提供一个平等的竞争条件：相同的工程量，企业填价。

(2) 满足市场经济条件下竞争的需要。

(3) 有利于提高工程计价效率，能真正实现快速报价：避免了工程量计算上的重复工作。

(4) 有利于工程款的拨付和工程造价的最终结算：中标价就是确定合同价的基础，投标清单上的单价就成了拨付工程款的依据。

(5) 有利于业主对投资的控制：采用施工图预算形式，业主对因设计变更、工程量的增减所引起的工程造价变化不敏感，往往等到竣工结算时才知道这些对项目投资的影响有多大，但此时常常是为时已晚。而采用工程量清单报价的方式则可对投资变化一目了然，当进行设计变更时，能马上知道它对工程造价的影响，业主就能根据投资情况来决定是否变更或进行方案比较，以决定最恰当的处理方法。

（二） 工程量清单计价的编制

分部分项工程量清单如表 3-36 所示。

1. 分部分项工程项目清单编制

分部分项工程量清单必须载明项目编码、项目名称、项目特征、计量单位和工程量。

(1) 项目编码为五级十二位的数字。其中，一级：表示专业工程代码，两位数字，二级：表示附录分类顺序码，两位数字，三级：表示分部工程顺序码，两位数字，四级：表示分项工程项目名称顺序码，三位数字，五级：表示清单项目名称顺序编码，三位数字，前四级编码全国统一，第五级针对工程项目具体编制，从 001 起顺序编制，不得有重号。工程量清单表中每个项目有各自不同的编码，前九位工程量计算规范已给定，编制工程量清单时，按工程量计算规范附录中的相应编码设置，不得变动。编码中的后三位是具体的清单项目名称编码，由清单编制人根据实际情况设置。如同一规格、同一材质的项目，具有不同的特征时，应分别列项，此时项目的编码前九位相同，后三位不同。

(2) 分部分项工程量清单的项目名称应按专业工程工程量计算规范附录的项目名称结合拟建工程的实际确定。

(3) 项目特征是构成分部分项工程、措施项目自身价值的本质特征。对项目的准确描述，是确定综合单价不可缺少的依据、区分清单项目的依据、履行合同义务的基础。项目特征的描述应按各专业工程工程量计算规范附录中规定的项目特征，结合技术规范、标准图集、施工图纸，按照工程结构、使用材质及规格或安装位置等，予以详细而准确的表述和说明。

表 3-36　分部分项工程量清单

序号	项目编码	项目名称	项目特征描述	计量单位	工程量	金额/元		
						综合单价	合价	其中 暂估价
		分部分项						
		绿化						
1	040101001054	挖一般土方	1. 土壤类别:详见设计图纸 2. 挖土深度:详见设计图纸	m^3	10 517			
2	040103002147	余方弃置	1. 废弃料品种:现场挖方(含垃圾处置费) 2. 运距:根据现场情况,自行考虑	m^3	10 517			
3	050101009012	种植土回填	1. 填方材料品种:种植土 2. 填方来源、运距:投标单位自行考虑 3. 种植土要求:种植土具有较好的通气、透水和保肥能力,有机质含量>3%,土壤酸碱度 pH 应为 5.5~8.3;土壤含盐量≤0.3%,其他要求详见施工图纸 4. 备注:如场地内无法进入大型机械,则需人工运送	m^3	10 517			
4	050101010012	整理绿化用地	回填土质要求:详见设计图纸	m^3	8 531			
5	050101006012	绿化养护	1. 工作内容:绿化养护 2. 养护期:工程竣工后养护两年 3. 成活率:详见设计图纸	m^3	8 531			
6	050102001018	栽植乔木	1. 名称:大叶榆 2. 胸径或基径:≥8 cm 3. 冠幅:≥2.5 m 4. 高度:枝下高≥2.5 m 5. 土球直径:乔木(带土球)≥80 cm,全冠栽植 6. 成活率:95%	株	721			

(4) 计量单位按分部分项内容确定，一般重量用吨或千克（t或kg）表示，体积用立方米（m^3）表示，面积用平方米（m^2）表示，长度用米（m）表示，其他根据需要按个、套、块、樘、组、台等表示。

(5) 工程量的计算，以招标工程量清单（图纸量）为准，施工单位结算工程量应根据实际完成工程量进行计算。

2. 措施项目清单编制

可计量措施费的清单编制方法跟分部分项工程项目清单编制方法一致，总价措施项目费根据“计算基础”和“费率”编制。其中：“计算基础”中安全文明施工费可为“定额基价”“定额人工费”或“定额人工费＋定额施工机具使用费”，其他项目可为“定额人工费”或“定额人工费＋定额施工机具使用费”。

3. 其他项目清单编制

包括暂列金额、暂估价、材料（工程设备）暂估价、专业工程暂估价、计日工、总承包服务费。

(1) 暂列金额指招标人在工程量清单中暂定并包括在合同价款中的一笔款项。用于工程合同签订时尚未确定或者不可预见的所需材料、工程设备、服务的采购，施工中可能发生的工程变更、合同约定调整因素出现时的合同价款调整以及发生的索赔、现场签证确认等的费用。

(2) 暂估价是指招标人提供的用于支付必然要发生但暂时不能确定价格的材料、工程设备以及专业工程的金额。

(3) 专业工程暂估价是综合的费用，包括人、材、机、管理费和利润，一般分不同的专业列明细表。

(4) 计日工是指在施工过程中，承包人完成发包人提出的工程合同范围以外的零星项目或工作，按合同中约定的单价计价的一种方式。

(5) 总承包服务费是指总承包人为配合协调发包人进行的专业工程发包，对发包人自行采购的材料、工程设备等进行保管以及施工现场管理、竣工资料汇总整理等服务所需的费用。

4. 规费、税金项目清单

(1) 规费包含养老保险费、失业保险费、医疗保险费、生育保险费、工伤保险费和住房公积金。

(2) 税金按税务部门的规定列项。

【任务目标与质量要求】

工程量清单是建设工程招投标的基础，招标人需要依据它确定标底，投标人依据它确定工程造价，进而参加投标。因此，工程量清单的完整正确与否直接关系到招投标的成败。依据施工图划分工程项目编制工程量清单，是预算员或者造价员最基本的技能，必须熟练掌握，保证园林工程项目的顺利实施，提高经济效益（表 3-37）。

【学习产出目标】

（1）识读施工图。

（2）正确计算工程量，确定计量单位和精度。

（3）编制工程量清单，不多项，不漏项，不错项。

（4）核对招标人提供的工程量清单，发现问题，及时上报并沟通解决。

（5）保证工作效率，营造良好工作氛围。

【业务经验】

某公园的项目划分。

某某公园	建设项目	施工项目
某某树木园、某某水榭、…	单项工程	
绿化工程、园路工程、景观工程 …	单位工程	
栽植花木、绿地整理、绿地喷灌 …	分部工程	工程量清单计价单位
栽植乔木、栽植灌木、栽植草坪…	分项工程	

分项工程是预决算计量、计价最基本的单位。

【工作任务实施记录与评价】

编制工程量清单的学徒考核方案，详见表 3-37。

表 3-37　编制工程量清单的学徒考核方案

考核内容	考核要求与标准	自我赋分	师傅赋分
1. 符合工程图(45 分)	(1)根据施工图划分工程项目,符合施工图 (2)工程量正确,精度无误 (3)计量单位合理 (4)符合《建设工程工程量计价规范 2013》		
2. 工程量清单完整(45 分)	(1)确定分项工程名称 (2)不多项,不漏项,不错项		
3. 职业精神(10 分)	工作中认真负责,遵守企业规章制度,良好有效沟通,尊重企业师傅		

【考核】

1. 学徒关键职业能力及职业品质、工匠精神评价

项目	A	B	C	D
工作态度				
吃苦耐劳				
团队协作				
沟通交流				
学习钻研				
认真负责				
诚实守信				

2. 学徒的考核

项目	85 分以上	70～85 分	60～69 分	60 分以下	权重
与施工图吻合					50%
遵守规范					20%
计量单位					15%
工程量和精度					5%
不多项、不漏项、不错项					5%
学徒手册					5%
总体评价					

【工程量清单案例】

某绿化工程根据施工图计算，工程量如下：种植土回填 5 000 m^3；种植乔木大叶白蜡（胸径 8 cm）105 株；栽植乔木金叶榆（胸径 8 cm）215 株；栽植灌木水蜡（冠幅≥30 cm）15 000 株，栽植密度 16 株/m^2；栽植灌木珍珠梅（冠幅≥40 cm）10 500 株，栽植密度 16 株/m^2；栽植花卉松果菊 35 000 株；栽植密度 25 株/m^2；栽植花卉大花萱草 45 500 株；栽植密度 25 株/m^2。根据此工程编制工程量清单。工程量清单编制如下。

1. 分部分项工程量清单计价编制

如表 3-38 所示编制分部分项工程和单价措施项目清单与计价表。

表 3-38　分部分项工程和单价措施项目清单与计价表

工程名称:绿化工程　　　　标段:某工程　　　　第　　页　共　　页

序号	项目编码	项目名称	项目特征描述	计量单位	工程量	金额/元		
						综合单价	合价	其中 暂估价
1	★ 050101009001	种植土回填	[项目特征] 1. 回填土质要求:种植土 2. 取土运距:施工单位自行考虑 3. 回填厚度:详见绿化设计说明 4. 弃土运距:施工单位自行考虑 [工作内容] 1. 土方挖、运 2. 回填 3. 找平、找坡 4. 废弃物运输	m^3	5 000			
2	★ 050102001001	乔木栽植	[项目特征] 1. 种类:大叶白蜡 2. 胸径或干径:胸径≥8 cm 3. 株高、冠径:高度 650～800 cm,冠幅 400～450 cm 4. 苗木选择和检验要求:必须满足国家的各项设计、施工、验收规范 5. 养护:树木栽植后的成活率不应低于 95% 6. 其他:详见绿化设计说明 [工作内容] 1. 起挖 2. 运输 3. 栽植	株	105			

续表 3-38

序号	项目编码	项目名称	项目特征描述	计量单位	工程量	金额/元		
						综合单价	合价	其中 暂估价
3	050102001002	栽植乔木	[项目特征] 1. 种类:金叶榆 2. 胸径或干径:胸径≥8 cm 3. 苗木土球挖掘要求:详见设计 4. 苗木选择和检验要求:必须满足国家的各项设计、施工、验收规范 5. 养护:树木栽植后的成活率不应低于 95% 6. 其他:详见绿化设计说明 [工作内容] 1. 起挖 2. 运输 3. 栽植	株	215			
4	050102002001	栽植灌木	[项目特征] 1. 种类:水蜡 2. 冠丛高:60～80 cm 3. 冠幅≥30 cm,冠型饱满不偏冠 4. 土球:详见设计 5. 苗木选择和检验要求:必须满足国家的各项设计、施工、验收规范 6. 养护:树木栽植后的成活率不应低于 95% 7. 其他:详见绿化设计说明 [工作内容] 1. 起挖 2. 运输 3. 栽植	株	15 000			

续表 3-38

序号	项目编码	项目名称	项目特征描述	计量单位	工程量	金额/元		
						综合单价	合价	其中暂估价
5	050102002002	栽植灌木	[项目特征] 1. 种类:珍珠梅 2. 冠丛高:60～80 cm 3. 冠幅≥40 cm 4. 土球:详见设计 5. 苗木选择和检验要求:必须满足国家的各项设计、施工、验收规范 6. 树木栽植后的成活率不应低于 95% 7. 其他:详见绿化设计说明 [工作内容] 1. 起挖 2. 运输 3. 栽植	株	10 500			
6	050102008001	栽植花卉	[项目特征] 1. 花卉种类:松果菊 2. 单位面积株数:25 株/m^2,营养钵苗,3～5 花芽 3. 苗木选择和检验要求:必须满足国家的各项设计、施工、验收规范 4. 养护:树木栽植后的成活率不应低于 95% 5. 其他:详见绿化设计说明 [工作内容] 1. 起挖 2. 运输 3. 栽植 4. 养护	m^2	1 400			

续表 3-38

序号	项目编码	项目名称	项目特征描述	计量单位	工程量	金额/元		
						综合单价	合价	其中暂估价
7	050102008002	栽植花卉	[项目特征] 1. 花卉种类:大花萱草 2. 单位面积株数:25 株/m^2,营养钵苗,3～5 花芽 3. 苗木选择和检验要求:外观要求、修剪要求、检验要求等必须满足设计施工图纸对应要求,必须满足国家的各项设计、施工、验收规范 4. 养护:树木栽植后的成活率不应低于 95% 5. 其他:详见绿化设计说明 [工作内容] 1. 起挖 2. 运输 3. 栽植 4. 养护	m^2	1 820			
			小计					

注:★表示有特殊要求或自定义项目编码

2. 措施项目清单计价编制

措施项目清单计价编制见表 3-39。

表 3-39 总价措施项目清单与计价表

工程名称：绿化工程　　标段：某工程　　第　页共　页

序号	项目编码	项目名称	计算基础	费率/%	金额/元	调整后金额/元	备注
1	050405001001	安全文明施工					
2	1	其中：环境保护费、文明施工费、安全防护费	分部分项人工费＋可计量措施人工费	0.1			
3	2	其中：临时设施费	分部分项人工费＋可计量措施人工费	0			
4	050405002001	夜间施工	0	100			
5	050405003001	非夜间施工照明	0	100			
6	050405004001	二次搬运	分部分项人工费＋可计量措施人工费	0			
7	050405005001	冬雨季施工	分部分项人工费＋可计量措施人工费	0			
8	050405006001	反季节栽植影响措施	0	100			
9	050405007001	地上、地下设施、建筑物的临时保护设施	0	100			
10	050405008001	已完工程及设备保护	分部分项人工费＋可计量措施人工费	0			
11	05B004	工程定位复测、点交清理费	分部分项人工费＋可计量措施人工费	0			
12	05B005	检验试验费	分部分项人工费＋可计量措施人工费	0			
13	05B006	施工因素增加费	分部分项人工费＋可计量措施人工费	0			
		合计					

编制人(造价人员)：

3. 其他项目清单计价编制

包括暂列金额、暂估价、材料(工程设备)暂估价、专业工程暂估价、计日工、总承包服务费，见表 3-40。

表 3-40 其他项目清单与计价表

工程名称:绿化工程　　　　标段:某工程　　　　第 1 页　共 1 页

序号	项目名称	金额/元	结算金额/元	备注
1	暂列金额			明细详见表 3-41
2	暂估价			
2.1	材料(工程设备)暂估价			明细详见表 3-42
2.2	专业工程暂估价			明细详见表 3-43
3	计日工			明细详见表 3-44
4	总承包服务费			明细详见表 3-45
	合计			

注:材料(工程设备)暂估单价进入清单项目综合单价,此处不汇总

4. 暂列金额明细表

暂列金额为工程分部分项费用的 10%～15%,具体格式见表 3-41。

表 3-41 暂列金额明细表

工程名称:绿化工程　　　　标段:某工程　　　　第 1 页　共 1 页

序号	项目名称	计量单位	暂定金额/元	备注
1	暂列金额	项		
	合计			

注:此表由招标人填写,如不能详列,也可只列暂列金额总额,投标人应将上述暂列金额计入投标总价中

5. 材料(工程设备)暂估价表

材料(工程设备)暂估价表如表 3-42 所示。

表 3-42 材料(工程设备)暂估价表

工程名称:绿化工程　　　　标段:某工程　　　　第 1 页　共 1 页

序号	材料(工程设备)名称、规格、型号	计量单位	数量		暂估/元		确认/元		差额±/元		备注
			暂估	确认	单价	合计	单价	合计	单价	合计	
1											
2											
	合计										

注:此表由招标人填写"暂估单价",并在备注栏说明暂估价的材料、工程设备拟用在哪些清单项目上,投标人应将上述材料、工程设备暂估单价计入工程量清单综合单价报价中

6. 专业工程暂估价表

专业工程暂估价表如表 3-43 所示。

表 3-43 专业工程暂估价表

工程名称:绿化工程　　　　标段:某工程　　　　第 1 页　共 1 页

序号	工程名称	工程内容	暂估金额/元	结算金额/元	差额±/元	备注
1						
2						
	合计					

注:此表“暂估金额”由招标人填写,投标人应将“暂估金额”计入投标总价中。结算时按合同约定结算金额填写

7. 计日工表

计日工表如表 3-44 所示。

表 3-44 计日工表

工程名称:绿化工程　　　　标段:某工程　　　　第 1 页　共 1 页

编号	项目名称	单位	暂定数量	实际数量	综合单价/元	合价	
						暂定	实际
1	人工	工日					
1.1							
		人工小计					
2	材料						
2.1							
3	机械						
3.1							
4	企业管理费和利润						
	总计						

注:此表项目名称、暂定数量由招标人填写,编制招标控制价时,单价由招标人按有关计价规定确定;投标时,单价由投标人自主报价,按暂定数量计算合价计入投标总价中。结算时,按发承包双方确认的实际数量计算合价

8. 总承包服务费计价表

总承包服务费计价表如表 3-45 所示。

表 3-45 总承包服务费计价表

工程名称:绿化工程　　　　标段:某工程　　　　第 1 页　共 1 场

序号	项目名称	项目价值/元	服务内容	计算基础	费率/%	金额/元
1						
2						
	合计					

注:此表项目名称、服务内容由招标人填写,编制招标控制价时,费率及金额由招标人按有关计价规定确定;投标时,费率及金额由投标人自主报价,计入投标总价中

9. 规费、税金项目计价表

规费、税金项目计价表如表 3-46 所示。

表 3-46 规费、税金项目计价表

工程名称:绿化工程　　　　标段:某工程　　　　第 1 页　共 1 页

序号	项目名称	计算基础	计算基数	计算费率/%	金额/元
1	规费	工程排污费＋社会保险费＋住房公积金			
1.1	工程排污费	分部分项人工费＋可计量措施人工费		0.19	
1.2	社会保险费	养老保险费＋失业保险费＋医疗保险费＋生育保险费＋工伤保险费			
1.2.1	养老保险费	分部分项人工费＋可计量措施人工费		11.02	
1.2.2	失业保险费	分部分项人工费＋可计量措施人工费		1.11	
1.2.3	医疗保险费	分部分项人工费＋可计量措施人工费		3.56	
1.2.4	生育保险费	分部分项人工费＋可计量措施人工费		0.37	
1.2.5	工伤保险费	分部分项人工费＋可计量措施人工费		0.42	
1.3	住房公积金	分部分项人工费＋可计量措施人工费		2.74	
2	增值税销项税额	分部分项工程费＋措施工程费＋其他项目费＋规费		9	
	合计				

编制人(造价人员):　　　　复核人(造价工程师):

【学徒任务】

在某住宅小区内绿化先进性重新改造,根据施工图,计算出绿地面积为 500 m^2,两处月季灌木丛为 100 m^2,水蜡单排绿篱 20 m,芍药 35 m^2,大花萱草占地面积为 50 m^2。场

地需要重新平整。完成分部分项工程量清单表 3-47 的编制。

表 3-47　分部分项工程量

工程名称：　　　　　　　　　　　　　　　　　　　　第　　页 共　　页

序号	项目编码	项目名称	项目特征描述	计量单位	工程量	金额/元		
						综合单价	合价	其中 暂估价
		小计						

项目	自评	企业评价
工程量清单编制步骤		
步骤 1		
步骤 2		
步骤 3		
步骤 4		
步骤 5		
步骤 6		
步骤 7		

项目 2
编制园林工程施工图预算

【专业知识准备】

一、 定额的概念、 性质

（一） 定额的概念

完成一个园林施工项目必须消耗一定数量的劳动力、材料和机械台班，对于这些消耗的数量规定就是定额。简而言之，定额即规定的额度或限额。它是一种标准，是事物和活动在时间和空间上的数量尺度。定额的制定是在一定的社会生产条件下通过对生产过程的观测、分析后综合取得的。定额水平不受社会政治和意识形态的影响，它随生产力水平的提高而变化，反映生产技术和劳动组织的先进合理程度，反映一定时期的社会劳动生产力水平。

对生产活动确定一个限额来源于 20 世纪初资本主义的工厂管理革命——泰罗制，原本用来提高劳动生产率，后来用于确定工程造价。

园林工程定额就是在正常的施工条件下完成园林工程中一定计量单位的合格产品所必须消耗的劳动力、材料和机械台班的数量标准。正常的施工条件指生产过程按生产工艺和施工验收规范操作，施工条件完善，劳动组织合理，物料齐全，机械正常，在这样的条件下确定完成单位合格产品的劳动工日数、材料和机械台班的用量，同时规定工作内容及其他要求。

（二） 定额的性质

定额既是造价管理的依据，也能调动企业职工生产积极性。一般来讲具有科学性、法令性、群众性、时效性与相对稳定性。

1. 科学性

各类定额是在认真调研和总结生产实践经验的基础上运用科学的方法制定的。定额的内容是在大量收集资料，大量测定和综合生产中数据的基础上形成的。反映了当前已经成熟的先进技术，同时采用一套严密的、科学的编制定额的手段和方法形成定额，因此，定额能够反映当前社会生产力水平。

2. 法令性

定额是由授权部门制定颁布的，任何单位必须严格执行，不得任意变更其内容和水平，如需调整、修改和补充必须经授权部门批准，因此，具有经济法规的性质。在全国范围内或某一地域内必须执行统一的定额，不得随意挑选对本企业有利的定额。

3. 群众性

定额的制定要观测实际生产中的千万个数据，是在工人的直接参与下进行的，定额的水平反映施工企业工人劳动生产能力的水平，既有一定的先进性，又体现工人的要求。定额的执行也是在工人群众中进行，也更离不开群众的参与。

4. 时效性与相对稳定性

随着科技水平的提高，社会生产力水平必然会提高，定额中的各项指标必然会逐渐脱离实际，因此定额都具有时效性，但定额不能朝定夕改，要保持一定的稳定性。只有当技术水平有较大提高，原有定额不能适应生产需要时授权部门才会更新定额，所以每隔若干年要更新一次定额。

二、 定额分类

在园林工程建设过程中，由于使用对象和目的不同，园林工程定额的分类方法很多。

（一） 按定额反映的生产要素分类

1. 劳动消耗定额

简称劳动定额（也称为人工定额），指完成一定计量单位合格的产品（工程实体或劳务）所必需的劳动消耗量标准。劳动定额主要表现形式是时间定额，但同时也表现为产量定额。时间定额与产量定额互为倒数。

2. 机械消耗定额

我国机械消耗定额是以一台机械一个工作班为计量单位，又称为机械台班定额。机械消耗定额指为完成一定合格产品（工程实体或劳务）所必需的施工机械消耗的数量标准。机械消耗定额的主要表现形式是机械时间定额，但同时也以产量定额表现。

3. 材料消耗定额

材料消耗定额简称材料定额，指完成一定合格产品所需消耗材料的数量标准。

材料是工程建设中使用的原材料、成品、半成品、构配件、燃料以及水、电等动力资源的统称。材料作为构成工程的实体，需用数量很大，种类很多。所以，材料消耗量多少、消耗是否合理，不仅关系到资源的有效利用，影响市场供求状况，而且对建设工程的项目投资、建筑产品的成本控制都起着决定性的影响。

（二） 按定额的编制程序和用途分类

1. 施工定额

施工定额是以同一性质的施工过程——工序，作为研究对象，表示生产产品数量与时间消耗综合关系编制的定额。施工定额是施工企业组织生产和加强管理在企业内部使用的一种定额，属于企业定额的性质。为了适应组织生产和管理的需要，施工定额的项目划分很细，是工程建设定额中分项最细、定额子目最多的一种定额，也是工程建设定额中的基础性定额。

施工定额本身由劳动定额、机械定额和材料定额三个相对独立的部分组成，主要直接用于工程的施工管理，作为编制工程施工设计、施工预算、施工作业计划、签发施工任务单、限额领料卡及结算计件工资或计量奖励工资等用。它同时也是编制预算定额的基础。

2. 预算定额

预算定额是以建筑物或构筑物各个分部分项工程为对象编制的定额。其内容包括劳动定额、机械台班定额、材料消耗定额三个基本部分，并列有工程费用，是一种计价的定额。从编制程序上看，预算定额是以施工定额为基础综合扩大编制的，同时它也是编制概算定额的基础。

预算定额是在编制施工图预算阶段，计算工程造价和计算工程中的劳动、机械台班、材料需要量时使用的定额，它是调整工程预算和工程造价的重要基础，同时它也可以用为编制施工组织设计、施工技术财务计划的参考。随着经济发展，在一些地区出现了综合预算定额的形式，它实际上是预算定额的一种，只是在编制方法上更加扩大、综合、简化。

3. 概算定额

概算定额是以扩大的分部分项工程为对象编制的，计算和确定该工程项目的劳动、机械台班、材料消耗量所使用的定额，同时它也列有工程费用，也是一种计价性定额。概算定额是编制扩大初步设计概算、确定建设项目投资额的依据。概算定额的项目划分粗细，与扩大初步设计的深度相适应，一般是在预算定额的基础上综合扩大而成的，每一综合分项概算定额都包含了数项预算定额。

4. 概算指标

概算指标是概算定额的扩大与合并，它是以整个建筑物和构筑物为对象，以更为扩大的计量单位来编制的。概算指标的内容包括劳动、机械台班、材料定额三个基本部分，同时还列出了各结构分部的工程量及单位建筑工程（以体积计或面积计）的造价，是一种计价定额。例如每 1 000 m^2 房屋或构筑物、每 1 000 m 管道或道路、每座小型独立构筑物所需要的劳动力、材料和机械台班的数量等。为了增加概算指标的适用性，也以房屋或构筑物的扩大的分部工程或结构构件为对象编制，称为扩大结构定额。

由于各种性质建设定额所需要的劳动力、材料和机械台班数量不一样，概算指标通常按工业建筑和民用建筑分别编制。工业建筑中又按各工业部门类别、企业大小、车间结构编制，民用建筑按照用途性质、建筑层高、结构类别编制。

概算指标的设定和初步设计的深度相适应。一般是在概算定额和预算定额的基础上编制的，比概算定额更加综合扩大。它是设计单位编制工程概算或建设单位编制年度任务计划、施工准备期间编制材料和机械设备供应计划的依据，也可供国家编制年度建设计划参考。

5. 投资估算指标

投资估算指标是在项目建设书和可行性研究阶段编制投资估算、计算投资需要量时使用的一种定额。它非常概略，往往以独立的单项工程或完整的工程项目为计算对象，编制内容是所有项目费用之和。它的概略程度与可行性研究阶段相适应。投资估算指标往往根据历史的预、决算资料和价格变动等资料编制，但其编制基础仍然离不开预算定额、概算定额。

（三） 按主编单位和管理权限分类

1. 全国统一定额

全国统一定额是由国家主管部门或授权单位，综合全国基本建设的施工技术、施工组织管理和生产劳动的一般情况编制并在全国范围内执行的定额。

2. 主管部定额

主管部定额是由于各专业生产部的生产技术措施而引起的施工生产和组织管理上的不同，并参照统一定额水平编制的，通常只在本部门和专业性质相同的范围内执行，如矿井建设工程定额，铁路建设工程定额等。

3. 地方定额

地方定额是在综合考虑全国统一定额水平的条件和地区特点的基础上编制的，并只在规定的地区范围内执行的定额，如各省、直辖市、自治区等编制的定额。

4. 企业定额

企业定额指由园林施工企业考虑本企业的具体情况和特点，参照统一定额或主管部定额、地方定额的水平而编制的，只在本企业内部使用的定额。它适用于某些园林工程施工水平较高的企业，由于外部定额不能满足其需要而编制。

任务3　编制园林工程预算书（定额计价）

任务3-1　定额的使用及换算

【任务目标与质量要求】

建设工程工程量的两种计价方式是定额计价和清单计价，无论哪种计价方式都要套用定额，因此定额是园林建设工程计价的基础。在套用定额前注意分项工程是否与定额项目表一致，一致则可直接套用，不一致则需要进行换算。注意定额的计量单位和分项工程计量单位的一致性，否则会导致某个分项工程的直接工程费或定额直接费计算错误，从而导致整个工程造价出现错误。

【学习产出目标】

1. 熟悉定额的使用和换算，并能正确使用。
2. 对照定额项目表确定分项工程的计量单位。
3. 加强经济核算，提高劳动效率，降低成本，提高效益。
4. 发现问题及时与企业师傅沟通，保证工作效率，营造良好工作氛围。

一、园林工程施工定额概述

园林工程施工定额是以同一性质的施工过程或工序为测定对象，确定工人在正常施工条件下，为完成单位合格产品所需劳动、机械、材料消耗的数量标准。施工定额是施工企业直接用于园林工程施工管理的一种定额。其由劳动定额、材料消耗定额和机械台班定额组成，是最基本的定额。

由于施工定额包括了劳动定额、机械台班定额和材料消耗定额三个部分，施工定额的作用主要表现在合理地组织施工生产和按劳分配两个方面。因此，认真执行施工定额，正确地发挥施工定额在施工管理中的作用，对于促进施工企业的发展，具有十分重要的意义。总的来说，在施工过程中施工定额具有以下几个方面的作用。

①作为编制单位工程施工预算，进行“两算”对比，加强企业成本管理的依据。

②作为编制施工组织设计，制订施工作业计划和人工、材料、机械台班需用量计划的依据。

③作为施工队向工人班组签发施工任务书和限额领料单的依据。

④作为实行计件、定额包工包料、考核工效、计算劳动报酬与奖励的依据。

⑤作为班组开展劳动竞赛、班组核算的依据。

⑥作为编制预算定额和企业补充定额的基础资料。

总之，编制和执行好施工定额并充分发挥其作用，对于促进施工企业内部施工组织管理水平的提高，加强经济核算，提高劳动生产率，降低工程成本，提高经济效益，具有十分重要的意义。

二、园林工程施工定额的使用及换算

（一）定额的套用

定额的套用分直接套用和套用相应定额子目两种情况。其共同特点是不需自己换算调整和补充，直接使用定额项目的人工、材料和机械台班及资金的各项指标，来编制预算和进行工料分析。

(1) 直接套用　在选择套用定额项目时，应注意将工程项目的设计要求、材料做法、技术特征如材料规格等，与拟套的定额项目的工程内容及统一规定仔细核对，两者一致时即可直接套用。

(2) 相应定额子目的套用　仍属于直接套用的性质。但应注意按定额的说明规定套用相应定额子目。

（二）预算定额项目不完全价格的补充

由于某种材料、成品半成品规格、型号较多，单价不一，在定额项目表中只列其数量，不列其单价，致使材料费合价因缺某项材料、成品半成品单价，而造成综合单价成为不完全价格。

补充后定额项目的完全预算基价＝相应定额子目的不完全预算基价＋缺项的材料（或成品、半成品）预算单价× 相应的材料（或成品、半成品）定额用量

（三）定额的换算

当工程项目的设计要求与定额项目的内容和条件不完全一致时，则不能直接套用，应根据定额的规定进行换算。

(1) 砂浆标号及单价的换算　砂浆品种、标号较多，单价不一，编制预算定额时只将其中一种砂浆和单价列入定额。采用其他砂浆标号时，价格可以换算，用量不得调整。

换算后预算基价＝定额中预算基价＋（换入的单价－换出的单价）×换算材料的定额用量

(2) 系数换算　是指通过对定额项目的人工、机械乘以规定的系数来调整定额的人工费和机械费（注意：要严格按定额规定的系数换算)。

【业务经验】

应用《园林工程预算定额》应注意的问题：

1. 必须看清说明中关于定额换算。如：任务 1-1 园林绿化工程中，起挖或栽植树木均以一、二类土计算为准，如现场为三类土，人工乘以系数 1.34；四类土，人工乘以系数 1.76；冻土，人工乘以系数 2.20，湿土乘以系数 1.18。

2. 苗木、花卉价格另算。如：任务 1-1 园林绿化工程中基价未包括苗木、花卉价格，各地在使用时应按本地区的苗木、花卉价格，另行计算。

【工作任务实施记录与评价】

定额的使用及换算学徒考核方案，详见表 3-48。

表 3-48 定额的使用及换算学徒考核方案

考核内容	考核要求与标准	自我赋分	师傅赋分
1. 熟悉定额项目表(25 分)	熟悉地区定额		
2. 直接套用(25 分)	计算正确,工程量精度和计量单位合理		
3. 换算(25 分)	计算正确,工程量精度和计量单位合理		
4. 核对(15 分)	仔细、认真、不多算、不漏算、不少算,精度和计量单位无误		
5. 职业精神(10 分)	工作中认真负责,遵守企业规章制度,良好有效沟通,尊重企业师傅		

【考核】

1. 学徒关键职业能力及职业品质、工匠精神评价

项目	A	B	C	D
工作态度				
吃苦耐劳				
团队协作				
沟通交流				
学习钻研				
认真负责				
诚实守信				

2. 学徒的考核

项目	85 分以上	70～85 分	60～69 分	60 分以下	权重
识读施工图					50%
熟悉定额项目表					20%
计算工程量					15%
套用或者换算定额					5%
精度					5%
单位					5%
总体评价					

【定额的使用及换算案例】

1. 定额的套用

试求砌筑 185 m^2 砖台阶的定额基价和相应人、材、机的消耗量。

解：确定套用定额编号，应注意工程单位必须化为与定额单位一致。套用定额表 3-49，查询园林工程定额。

表 3-49　定额项目表

项目编号	项目名称	单位	基价/元	费用			
				人工费	材料费	机械费	其他费用
Y2-35	红砖台阶（水平投影面积）	100 m^2	9 221.66	2 008.6	5 264.98	105.45	1 842.63

185 m^2 定额基价＝9 221.66 元/100 m^2×1.85（100 m^2）＝17 060.07 元

其中：人工费＝工程量×预算基价中的人工费

人工费＝1.85×2 008.6＝3 715.91（元）

材料费＝1.85×5 264.98＝9 740.21（元）

机械费＝1.85×105.45＝195.08（元）

2. 定额项目不完全价格的补充

某 5 层砖混结构，直形墙上现浇 200 号钢筋混凝土圈梁（石子粒径 0.5～3.2 cm），按工程量计算规则计算出工程量为 15 m^3，试计算其工、料、机直接费和其中人工费。

解：计算方法步骤如下：

（1）查定额表：定额是每 10 m^3 圈梁的预算价值为 1 275.20 元，是不完全价格，其中缺 200 号混凝土定额用量 10.15 m^3 的预算价值，按规定应补充价值后使用。

（2）计算 10 m^3 200 号钢筋混凝土圈梁的完全价格：每 10 m^3 200 号钢筋混凝土圈梁的完全预算价值＝1 275.20＋44.95×10.15＝1 731.44（元）（其中 200 混凝土单价 44.95 元/m^3，由定额附录一“普通混凝土配合比表”查得）。

（3）计算该工程项目的工料机直接费合计：查表，工程项目的直接费合计＝1 731.44×1.5＝2 597.16（元）。

3. 定额的换算

试求 30 m^3 的 M7.5 水泥砂浆毛石基础的定额直接费。

解：

（1）套用相近定额（应注意工程单位必须化为与定额单位一致）

Y2-68，M5 水泥石灰砂浆毛石基础，基价为 1 937.21 元/10 m^3，

M5 水泥石灰砂浆用量：3.700 m^3/10 m^3

（2）定额换算：水泥石灰砂浆用量 3.700 m^3/10 m^3

M5 水泥石灰砂浆为 133.59 元/m^3；

M7.5 水泥石灰砂浆为 136.58 元/m^3

换算后的定额基价＝1 937.21＋ 3.7×（136.58－133.59）＝1 948.27（元/10 m^3）

（3）计算定额直接费如表 3-50 所示。

表 3-50　定额直接费

定额编号	工程名称	单位	工程量/元	基价/元	定额直接费/元
Y2-68 换	M10 水泥砂浆毛石基础	10 m^3	3.0	1 948.27	5 844.81

【学徒任务】

根据下列定额表（表 3-51）完成栽植乔木工程量计算。

表 3-51　栽植乔木定额表　　单位：株

定额编号				10-154	10-155	10-156	10-157	10-158
项目				栽植乔木(带土球),土球直径/cm＜				
				20	30	40	50	60
基价/元				1.18	2.10	3.51	5.38	9.32
人工费				1.14	2.06	3.43	5.26	9.15
材料费				0.04	0.04	0.08	0.12	0.17
机械费								
综合工日		工日	22.88	0.05	0.09	0.15	0.23	0.40
材料	水	m^3	1.65	0.025	0.025	0.050	0.075 0	0.100

（1）栽植带土球（直径 35 cm）的白榆 50 株，试计算该栽植工程的直接工程费，并进行工料分析。

（2）栽植带土球（直径 35 cm）的白榆 50 株，三类土，试计算该栽植工程的直接工程费，并进行工料分析。

自评：　　　　　　　　　　　　　　企业评价：

任务 3-2　用定额计价编制园林工程预算书

【任务目标与质量要求】

定额计价是建设工程计价的传统方式，在招投标中，投标人根据招标人提供的招标文件和施工图，依据地方定额或企业定额编制工程预算书参加竞标。定额直接费是计算其他费用的基础，某一个分项工程的直接工程费计算错误，导致工程造价发生错误。定额计价采用预算计价作为单价。

【学习产出目标】

1. 熟悉定额，并能使用定额。
2. 熟悉合同相关条款。
3. 正确计算定额直接费。
4. 利用所在地的相关规定和取费标准计算除定额直接费以外的其他费用。
5. 核对计算过程，是否漏项，是否计算错误，精度和计量单位是否合理。
6. 完成园林工程预算书的编制。
7. 加强经济核算，提高劳动效率，降低成本，提高效益。
8. 发现问题及时与企业师傅沟通，保证工作效率，营造良好工作氛围。

园林工程预算书编制，概括起来主要是熟悉并掌握预算定额的使用范围、具体内容、工程量计算规则和计算方法，应取费用项目、标准和计算公式；熟悉施工图及其文字说明；参加技术交底，解决施工图中的疑难问题；了解施工方案中的有关内容；确定并准备有关预算定额；确定分部工程项目；计算合价和小计；进行工料分析；计算应取费用；复核计算单位工程总造价及单位造价；填写编制说明并装订签章。这些步骤的前几项是编制工程预算的准备工作，是编制工程预算的基础。只有准备工作做好了，有了可靠的基础，才能把工程预算编制好。否则不但影响预算质量，还会拖延编制预算时间。因此，为了准确、及时地编制出工程预算，一定要做好以上的每个工作，特别是准备工作。

一、 编制程序

（一） 识读图纸

先进行工程量计算，为了保证工程量计算的准确，按照一定的原则进行计算，口径要一致，注意规格标准的转换和计算。如整理绿化地单位换算为 10 m^2。起挖或栽植带土球乔木，一般设计规格为胸径，需换算成土球直径方可计算。而起挖或栽植裸根乔木，设计规格为胸径，可直接计算。起挖或栽植带土球灌木时，设计规格为冠径时，需换算为土球直径；起挖或栽植散生竹类，设计规格为高度，需要换算成盘丛径方可计算。栽植绿篱设计规格为高度，可直接套用计算。露地花卉栽植、草皮种植单位需换算为 10 m^2。栽植水生植物单位需换算为 10 株，栽植攀缘植物单位需换算成 100 株。

（二） 计算规则要一致、 避免出错

计量单位必须与预算定额一致。如栽植绿篱分项工程的计量单位是延长米，不是

株数，这一点要特别注意。另外要按一定的顺序逐步计算，避免重算和漏算。为了计算方便，工程量的计算结果要统一，除钢材、木材取三位小数外，其余项目一般均取两位小数，以下四舍五入。

（三） 预算书编写中名称始终保持一致

计算时根据施工图纸，结合施工组织设计及方案，按照一定顺序列出单位工程项目的名称，分项工程名称必须与预算定额中的相应项目名称一致。然后根据施工图纸所示的部位、尺寸和数量，按照工程量计算规则，分别列出工程量计算公式进行计算。调整计量单位，即计算工程量时都以 m、m^2、m^3 计算，要将其调整为与预算定额相应项目的计算单位（10 m^2、100 m^2、100 m^3），使计量单位一致，便于以后计算。

二、 定额计价

定额计价法是我国在计划经济时代确定工程造价的方法，随着我国经济市场化程度的提高，这种计价模式越来越不适应园林建设市场的自由竞争，并且和当今国际市场通用的清单计价方法不一样，也影响我国园林施工企业参与国际竞争和外国企业参与国内园林工程建设。因此，我国正逐步推行国际通行的清单计价法，但为了不使造价方法的改变造成造价咨询服务市场混乱，目前定额计价法还应持续存在一段时间，并且这种方法除具有造价预计功能外还有诸多其他功能。

定额计价一般采用工料单价法，是以工料计价为基础，即以直接形成工程实体所需的人工、材料和机械的数量为基础，参考它们的单价，形成基本价格。基本价格是不完全价格，再以其为基础累计其他费用如利润、税收等最后形成工程造价。

（一） 预算费用的组成

园林工程无论是设计概算还是施工图预算，根据国家有关文件，预算费用由直接费、间接费、利润和税金四部分组成。其中直接费由定额直接费、其他直接费和现场经费 3 部分组成；间接费由企业管理费、财务费和其他费用组成；税金由营业税、城市建设维护费和地方教育附加费组成，见图 3-10。

1. 直接费

直接费是指直接消耗于园林工程产品的各项费用的总和。依据施工图和定额项目算出定额直接费，再以此为基数计算其他直接费和现场经费。

(1) 定额直接费　定额直接费是直接形成工程实体和有助于工程形成的各项费用的和，包括人工费、材料费和机械费。这部分费用可通过查定额手册算出。

①人工费　指直接从事园林工程施工的生产工人和附属辅助生产工人开支的各项费用。一般包括基本工资、工资性补贴、生产工人辅助工资、职工福利费、生产工人劳动保护费。在以定额人工费为基础计算工程费用时，定额人工费是按定额直接费口径计算的人工费之和。

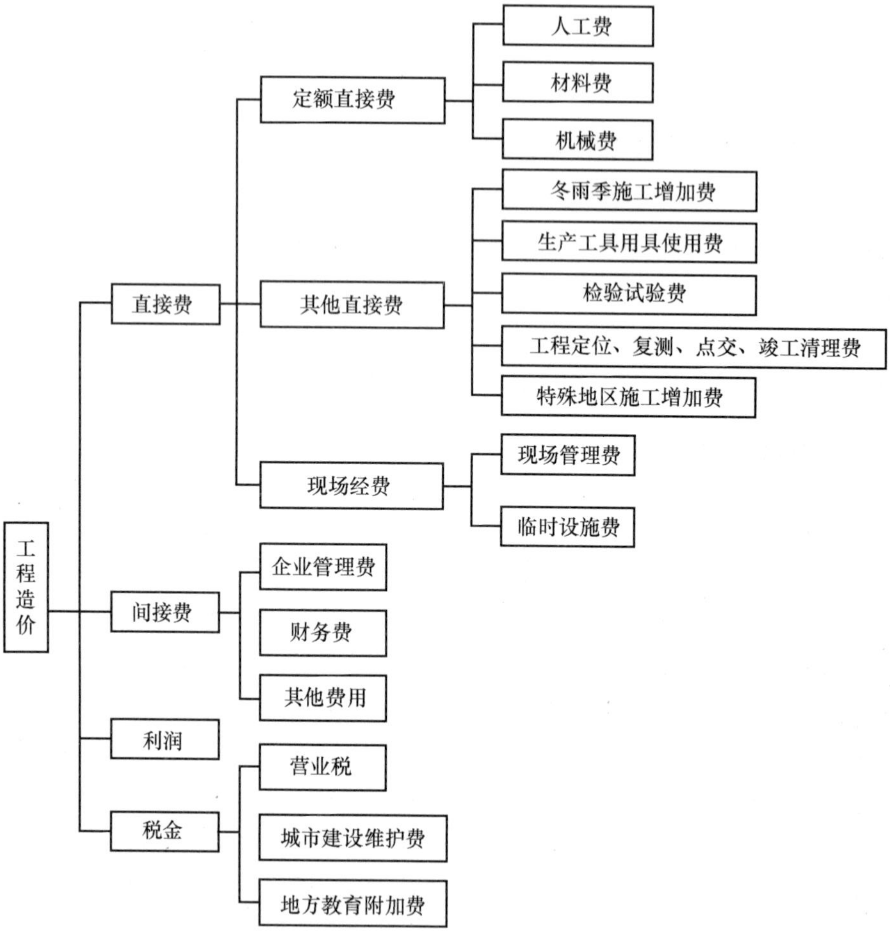

图 3-10　园林工程造价组成

②材料费　指施工过程中耗用的构成工程实体的原材料、辅助材料、构配件、零件、半成品的费用和周转性材料的摊销费。一般包括材料原价，销售部门手续费，包装费，运至仓库或堆放地点的装卸、运输费及途中损耗、采购及保管费。定额中的材料费在执行中可进行料价差的单项和综合调整。

③机械费　指使用施工机械作业所发生的机械使用费及机械安、拆和进出场费用。一般包括第一类费用和第二类费用。第一类费用：机械折旧费，大修理费，维修费，润滑材料费及擦拭材料费，安装、拆卸及辅助设施费，机械进出场费等。第二类费用：机上工人的人工费，动力和燃料费，公路养路费，牌照费及保险费等。

(2) 其他直接费　其他直接费指定额直接费以外施工过程中发生的其他费用。其内容包括：

①冬雨季施工增加费　冬雨季施工采取的防雨、防滑、排水、保温及其他为保证工程质量所采取的措施费和人工降效。

②二次搬运费　因施工场地狭小等因素，材料、构配件、成品、半成品不能直接运至施工组织设计所确定的就位堆放地点所发生的二次倒运费。

③生产工具用具使用费　生产中使用的手工工具和施工中各种消耗性工具的使用费及工具补贴。

④材料、构件等检验试验费　指对材料、构件等进行一般鉴定、检查所发生的费用（包括自设试验室进行试验所消耗的材料和化学药品费用等）及技术革新和研究试验费。不包括新结构、新材料的试验费和建设单位要求对有出厂合格证明的材料进行试验、对构件破坏性试验及其他特殊要求检验试验的费用。

⑤特殊地区施工增加费　包括工程上山费，高台增加费，繁华地段交叉施工增加费。

其他直接费还包括成品保护费，仪器仪表使用费，工程定位、复测、点交及竣工清理费，特殊工程培训费。其他直接费的费用可以以定额直接费为基数乘以一定的费率，也可以以定额人工费为基数，乘以一定的费率。这部分费用为可变费用，费率可参照各地区的定额手册中的数值，也可根据工程项目和企业的情况自定。

（3）现场经费　现场经费包括临时设施费和现场管理费。

①临时设施费　指园林企业为进行园林工程施工所必需的生活和生产用临时设施和半永久设施的费用。临时设施包括临时宿舍、文化福利公用事业用房、构筑物、仓库、办公室、加工厂及规定范围内的现场施工道路、水、电管线等临时设施和小型临时设施等。其费用一般包括临时设施的搭设、维修、摊销、拆除的费用及按规定缴纳的临时用地费、临时建设工程费等。

临时设施费一般以定额直接费或定额人工费为基数乘以费率计取，这部分费用也是可变费用，也可根据工程项目和企业的情况自定。

②现场管理费　指现场组织施工过程中发生的费用。一般包括现场管理人员的基本工资、工资性津贴、职工福利费、劳动保护费等费用及现场办公费，差旅交通费，固定资产使用费，工具用具使用费，保险费，工程保修费，工程排污费，其他费用。

固定资产使用费指现场管理及试验部门使用属于固定资产的设备、仪器等的折旧、大修理、维修等的费用或租赁费。

工具用具使用费指现场管理使用的不属于固定资产的工具、器具、家具、交通工具和检验、试验、测绘、消防用具等的购置、维修和摊销费。

保险费指施工管理用财产、车辆保险，特殊工种安全保险。

工程保修费指工程竣工交付使用后在规定保修期内的修理费用。

工程排污费指施工现场按规定缴纳的排污费用。

现场管理费和临时设施费一样，一般以定额直接费或定额人工费为基数乘以费率计取，也是可变费用，投标时可根据工程项目和企业的情况自定。

2. 其他各项费用

（1）间接费　间接费指企业为经营管理和组织施工及间接用于园林工程服务的各项费用的总和。由企业管理费、财务费和其他费用组成。

①企业管理费　指企业为经营管理和组织施工所发生的管理费，一般包括管理人员的人工费，企业办公费，差旅交通费，固定资产折旧、修理费，工具用具使用费，工会经费，职工教育经费，劳动保险费，职工养老保险及失业保险费，企业财产车辆等保险费，税金及其他费用。

②财务费　指企业为筹集资金而发生的各项费用，包括企业经营期间发生的短期贷款利息净支出、汇兑净损失、金融机构手续费及企业筹集资金发生的其他财务费用。

③其他费用　指按规定支付造价管理部门的定额编制管理费和定额测定费及按有关部门规定应支付的上级管理费。

间接费可以是以直接费或定额人工费为基数乘以费率计取，也可根据工程企业的情况自定。

（2）利润　利润指按规定应计入园林工程造价的利润。利润率为竞争性数值，编制施工图预算时可按规定的利润率计入造价，投标时可根据企业情况自定。

利润一般以直接费和间接费的和为基数乘以利润率计取，也可以是以定额人工费为基数乘以相应费率计取。

（3）税金　税金指按国家规定计入园林工程造价的各项税费的总和。一般包括以营业额为基础的营业税、以营业税为基础的城市建设维护费和地方教育附加费。

一般税金以直接费、间接费、利润的总和为基数，乘以税率计取，也可以是以定额人工费为基数乘以相应费率计取。

目前我国正在进行工程造价改革，推行清单计价模式，为了衔接方便和适应社会变化，对工程费用组成中的直接费和间接费的内容进行了调整（图 3-11），各项内容的含义会在本书清单计价法内容中介绍。这里仅是费用组成上的调整，都可以用定额法计价，其计价程序和方法是相同的，采用哪种形式要和当地当前有效的预算定额相一致。目前常用的仍是前述的模式，后者也在很多地区使用。

（二）　工程造价的计算程序

1. 计算程序

确定工程造价时一般先确定单位工程费用，然后汇总单位工程费用为单项工程费用，再汇总单项工程费用成工程项目总造价，因此，单位工程费用就成为确定工程造价的基础。一般单位工程造价的确定步骤大致分为计算工程量、查表计算定额直接费、计算其他费用完成单位工程计价 3 个步骤。

在编制预算书之前要先获取设计文件，包括设计图纸和文字说明，认真阅读设计文件，读懂图纸。接着根据设计图纸结合定额手册中的子目分解该工程至分项工程，

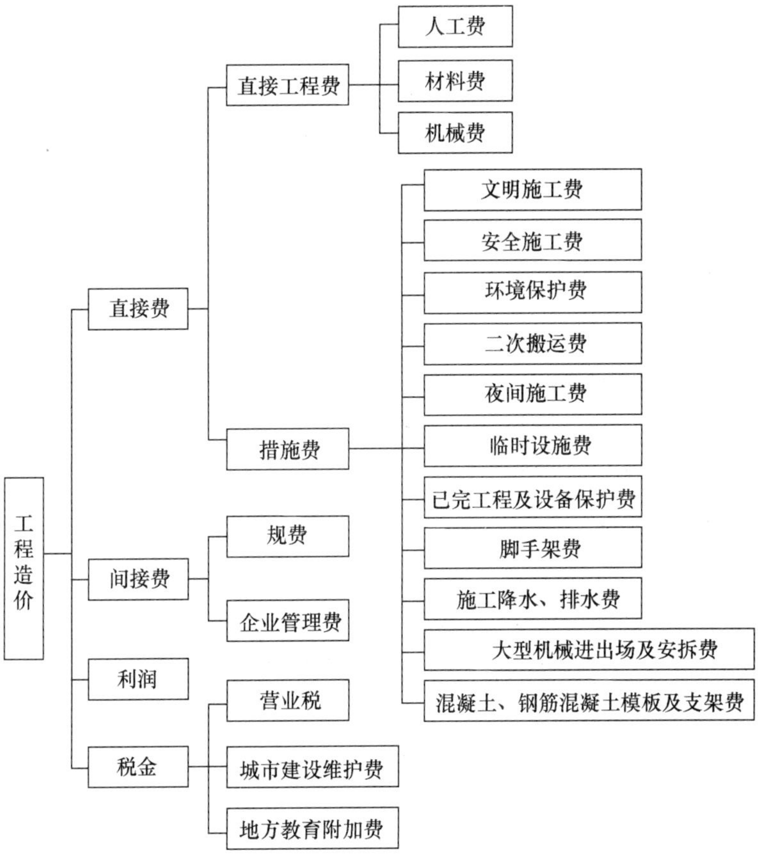

图 3-11　园林工程造价组成

列出各分项工程的名称，并根据设计文件计算其工程量。也就是说首先是分解工程项目，将分项工程名称、工程量计算式和计算结果填入工程量计算表。

使用手册时，根据具体情况可以直接套用定额，也可以调整换算。前者比较简单，在定额手册中查相应的定额子目，直接使用其中的数据，这种方式容易计算；后者是在施工图设计中所用的材料或机械工具和定额手册不一样时调出定额中原有的材料费用，再加入图纸中设计使用的材料费用，这就是调整换算。如果遇到手册中没有的分项工程，可以在预算时做补充定额，在定额项目编号一栏中注明“补”字。

然后根据已列出的分项工程名称，在定额手册中查找对应的分项工程名称，查出对应的基价和人工费、材料费和机械费，用基价乘以工程量得出合价，将这些数据填入单位工程预算表，完成定额直接费的计算。最后再以定额直接费为基础，计算出单位工程预算表中的其他各项费用，最终完成单位工程的造价。

综上所述，定额计价法进行造价估算的计费基础是定额直接费，其他费用都是以它为基础计算的。所以，一般先根据施工图纸和定额手册计算出定额直接费。

2. 费用计算

编制单位工程的预算表时，在划分分项工程的基础上计算完定额直接费后一般进行一次小计，包括人工费的小计，然后计算其他直接费。其他直接费的计算式为：

各项其他直接费＝Σ定额直接费或定额人工费×费率

其他直接费＝Σ各项其他直接费

费率可以按预算定额手册中的规定取值，也可以企业自定。每个其他直接费项目的费率可以不一样。接着计算现场经费，其计算式为：

现场经费＝临时设施费＋现场管理费

临时设施费＝Σ定额直接费或定额人工费×费率

费率可以按预算定额手册中的规定取值，也可以企业自定。

现场管理费＝Σ定额直接费或定额人工费×费率

费率可以按预算定额手册中的规定取值，也可以企业自行确定。之后小计直接费，其计算式为：

直接费＝定额直接费＋其他直接费＋现场经费。

然后计算间接费，可以合并综合计算，也可以先计算各分项，然后合并求和。合并综合计算的计算式：

间接费＝直接费×费率

费率在做施工图预算时可以按预算定额手册中的规定取值，在投标时企业可以自行确定费率。

先分项后求和的计算式：

间接费＝企业管理费＋财务费＋其他费用

企业管理费＝直接费×费率

财务费＝直接费×费率

其他费用＝直接费×费率

这里费率可根据企业和实际工程情况自行确定。计算完间接费后，接着计算利润，其计算式为：

利润＝（直接费＋间接费）×费率

费率可根据企业和实际工程情况自行确定。最后计算税金，其计算式为：

税金＝（直接费＋间接费＋利润）×费率

费率按政府规定的数值计取。到此就可以计算单位园林工程的造价：

单位园林工程造价＝直接费＋间接费＋利润＋税金

每个单位工程都如此计算进行造价估算。整个园林工程的造价就等于各个单位园林工程造价的总和：

园林工程造价＝Σ单位园林工程造价

工程内容复杂的园林工程应先汇总单位工程造价成单项工程造价，再汇总单项工程造价成总造价。

（三） 常用表格

表 3-52 是以直接费为基础计价的单位园林工程预算表。

表 3-52 单位园林工程预算表

工程名称：　　　　　　　　　　　　　　　　　　编制日期：

序号	定额编号	分项工程名称	单位	数量	单价	合价	费用		
							人工费	材料费	机械费
1	⋮	⋮							
⋮	⋮	⋮							
32		定额直接费小计 A	元				A_1	A_2	A_3
33		其他直接费 B	元			$A\times$费率			
34		临时设施费 C	元			$A\times$费率			
35		现场管理费 D	元			$A\times$费率			
36		直接费小计 E	元			$A+B+C+D$			
37		间接费 F	元			$E\times$费率			
38		小计 G				$E+F$			
39		利润 H	元			$G\times$费率			
40		小计 I				$H+G$			
41		税金 J	元			$I\times$费率			
42		总造价 K	元			$I+J$			

编制人：　　　　　　　　　　　　　　　　　　　　校核：

表 3-53 是以人工费为基础计价的单位园林工程预算表。

表 3-53 园林工程预算表

工程名称：　　　　　　　　　　　　　　　　　　编制日期：

序号	定额编号	分项工程名称	单位	数量	单价	合价	费用		
							人工费	材料费	机械费
1	⋮	⋮							
⋮	⋮	⋮							
32		定额直接费小计 A	元				A_1	A_2	A_3
33		人工费合计 B					A_1		
34		其他直接费 C	元			$B\times$费率			
35		临时设施费 D	元			$B\times$费率			
36		现场管理费 E	元			$B\times$费率			

续表 3-53

序号	定额编号	分项工程名称	单位	数量	单价	合价	费用		
							人工费	材料费	机械费
37		直接费小计 *F*	元			$A+C+D+E$			
38		间接费 *G*	元			$B\times$费率			
39		利润 *H*	元			$B\times$费率			
40		不含税造价 *I*	元			$F+G+H$			
41		税金 *J*	元			$I\times$费率			
42		含税造价 *K*	元			$J+I$			

编制人：　　　　　　　　　　　　　　　　　　　　校核：

单位工程预算书编制完成以后，如需汇总单项工程费预算表，如表 3-54 所示。

表 3-54　单项工程费预算表

工程名称：　　　　　　　　　　　　　　　　　　　编制日期：

序号	单位工程名称	价格/万元
1	⋮	
⋮	⋮	
	合计	

编制人：　　　　　　　　　　　　　　　　　　　　校核：

对于内容复杂若干个单项工程的园林工程，应汇总单项工程预算表编制工程项目总价表，如表 3-55 所示。

表 3-55　工程项目总价表

工程名称：　　　　　　　　　　　　　　　　　　　编制日期：

序号	单项工程名称	价格/万元
1	⋮	
⋮	⋮	
	合计	

编制人：　　　　　　　　　　　　　　　　　　　　校核：

由于施工图预算是以货币形式表示的工程价格，其中的人工、材料、机械的预算使用量没有直观地表示出，如果是园林施工企业做投标报价之用而做预算，为了以后施工管理的方便，还应该编写分项工程工料分析表，就是根据工程量计算和定额规定的消耗量标准，对工程所用工日及材料进行分析计算。单位工程施工图预算的工料分析得到的全部人工和各种材料消耗量，是工程消耗的最高限额，是编制单位工程劳动计划和材料供应计划、开展班组经济核算的基础，也是预算造价计算当中直接费调整的计算依据之一。

工料分析首先是从所适用的定额手册中，查出各分项工程的单位定额消耗工料的数量，然后分别乘以相应分项工程的工程量，得到分项工程的人工、材料消耗量。最后将各分部分项工程的人工、材料消耗量分别进行计算和汇总，得出单位工程人工、材料的消耗数量。

人工消耗量＝分项工程量×定额中工日消耗量

材料消耗量＝分项工程量×定额中各种材料消耗量

工料分析的编制通常采用表格进行。

最后要提及的是以上表格形式是推荐的参考形式，在造价实践中应以各个地区的造价管理部门推荐的预算书表格形式为准。

【业务经验】

定额计价的计算程序，详见表 3-56。

表 3-56 定额计价的计算程序

序号	费用名称	计算方法
一	直接费	(一)＋(二)
	(一)直接工程费	工程量×∑[(定额工日消耗量×人工单价)＋(定额材料消耗量×材料单价)＋(定额机械台班消耗量×机械台班单价)]
	其中人工费 R_1	定额工日消耗量×人工单价
	(二)措施费	∑工程量×定额工日消耗量×人工单价
	1. 参照定额规定计取的措施费	按定额规定计算
	2. 参照费率计取的措施费	R_1×相应费率
	其中人工费 R_2	R_2＝(1.＋2.)中的人工费
二	企业管理费	(R_1+R_2)×管理费率
三	利润	(R_1+R_2)×利润费率
四	规费	(一＋二＋三)×规范费率
五	税金	(一＋二＋三＋四)×税率
六	合计	一＋二＋三＋四＋五

注：1. 按定额规定计取的措施费指园林绿化工程消耗量定额中列有相应子目或规定有计算方法的措施项目范围，例如，模板及支撑、脚手架、吊装机械等。

2.按费率计取的措施费指按省建设行政主管部门发布的费率或根据企业实际情况测算的费率计算的措施项目费用。例如，环境保护、文明施工、临时设施、夜间施工及冬雨季施工增加、二次搬运费等。

3. 措施费中的“其他”指园林绿化工程消耗量定额中没有相应项目，而根据设计或施工现场情况应计算的措施项目费用。例知，排水降水费、大型机械设备进出场及安拆费等。

4. 省价人工费 R_1 和 R_2：“1.”中人工费指按定额的工日数量和省价人工工日单价计算的人工费合计；“2.”中人工费指按省发布费率计算的措施费中人工费合计，其中人工费含量为：夜间施工增加费、二次搬运费、冬雨季施工增加费 20％、其他措施费项目 10％

【工作任务实施记录与评价】

用定额计价编制园林工程预算书考核方案，详见表 3-57。

表 3-57 用定额计价编制园林工程预算书考核方案

考核内容	考核要求与标准	自我赋分	师傅赋分
1. 定额使用正确（25 分）	熟悉地方定额和企业定额		
2. 计算正确（25 分）	(1)定额直接费计算正确 (2)其他费用计算正确 (3)汇总正确		
3. 格式完整（25 分）	格式完整		
4. 核对（15 分）	仔细、认真、不多算、不漏算、不少算，精度和计量单位无误		
5. 职业精神（10 分）	工作中认真负责，遵守企业规章制度，良好有效沟通，尊重企业师傅		

【考核】

1. 学徒关键职业能力及职业品质、工匠精神评价

项目	A	B	C	D
工作态度				
吃苦耐劳				
团队协作				
沟通交流				
学习钻研				
认真负责				
诚实守信				

2. 学徒的考核

项目	85 分以上	70～85 分	60～69 分	60 分以下	权重
响应招标文件要求					50%
计算正确					20%
格式完整					15%
排版合理					5%
校核					5%
学徒手册					5%
总体评价					

【园林工程预算书案例】

某园林绿化工程工程预算书如表 3-58 至表 3-62 所示。

表 3-58　单位工程实体项目预算表

工程名称:园林绿化工程　　　　第　页　共　页

序号	编号	子目名称	工程量		价值/元		费用/元		
			单位	数量	单价	合价	人工费	材料费	机械费
1	1-147	栽植大树(带土球)土球直径<200 cm	株	18	4 844.95	87 209.1	4 675.5	81 143.1	1 390.5
	补充主材 001	大叶白蜡-L	株	18	4 500	81 000			
2	1-146	栽植大树(带土球)土球直径<180 cm	株	16	4 738.72	75 819.52	2 702.72	72 090.88	1 025.92
	补充材料 001 @34	大叶白蜡-M	株	16	4 500	72 000			
3	1-145	栽植大树(带土球)土球直径<160 cm	株	14	3 381.67	47 343.38	1 860.32	44 855.72	627.34
	补充材料 001 @41	小叶白蜡-M	株	14	3 200	44 800			
4	1-137	起挖大树(带土球)土球直径<140 cm	株	18	5 019.46	90 350.28	2 812.68	86 981.4	556.2
	补充材料 001 @13	法国梧桐	株	18	4 800	86 400			
5	1-145	栽植大树(带土球)土球直径<160 cm	株	6	5 681.67	34 090.02	797.28	33 023.88	268.86
	补充材料 001 @14	银杏-L	株	6	5 500	33 000			
6	1-143	栽植大树(带土球)土球直径<120 cm	株	3	4 312.34	12 937.02	265.32	12 606.81	64.89
	补充材料 001 @15	银杏-M	株	3	4 200	12 600			
7	1-144	栽植大树(带土球)土球直径<140 cm	株	33	1 947.69	64 273.77	3 760.35	59 493.72	1 019.7

续表 3-58

序号	编号	子目名称	工程量		价值/元		费用/元		
			单位	数量	单价	合价	人工费	材料费	机械费
	补充材料 001 @16	白桦-L	株	33	1 800	59 400			
8	1-144	栽植大树(带土球)土球直径<140 cm	株	5	2 947.69	14 738.45	569.75	14 014.2	154.5
	补充材料 001 @17	国槐-L	株	5	2 800	14 000			
9	1-144	栽植大树(带土球)土球直径<140 cm	株	6	2 997.69	17 986.14	683.7	17 117.04	185.4
	补充材料 001 @18	香花槐-M	株	6	2 850	17 100			
10	1-144	栽植大树(带土球)土球直径<140 cm	株	43	4 347.69	186 950.67	4 899.85	180 722.12	1 328.7
	补充材料 001 @19	黄金树-M	株	43	4 200	180 600			
11	1-144	栽植大树(带土球)土球直径<140 cm	株	51	3 947.69	201 332.19	5 811.45	193 944.84	1 575.9
	补充材料 001 @20	红花海棠-M	株	51	3 800	193 800			
12	1-146	栽植大树(带土球)土球直径<180 cm	株	21	1 738.72	36 513.12	3 547.32	31 619.28	1 346.52
	补充材料 001 @38	樟子松-L	株	21	1 500	31 500			
⋮	⋮								
合计						3 578 804.31	1 083 445.38	2 469 663.2	25 695.72

编制人：　　　　审核人：

表 3-59　单位工程费用汇总表

项目名称：园林绿化工程　　　　第 1 页　　共 1 页

序号	费用名称	取费说明	费率/%	金额/元
一	直接费	直接工程费＋措施费		3 616 127.73
（一）	直接工程费	人工费＋材料费＋机械费＋主材费＋设备费		3 578 804.30
1	人工费	人工费		1 083 445.38
2	材料费	材料费		201 903.02
3	机械费	机械费		25 695.72
4	主材费	主材费		2 267 760.18
5	设备费	设备费		
（二）	措施费	单价措施费＋总价措施费		37 323.43
1	单价措施费	人工费＋材料费＋机械费＋主材费＋设备费		13 339.2
（1）	人工费	可计量措施人工费		6 746.92
（2）	材料费	可计量措施材料费		6 578.11
（3）	机械费	可计量措施机械费		14.17
（4）	主材费	可计量措施主材费		
（5）	设备费	可计量措施设备费		
2	总价措施费	组织措施项目合计		23 984.23
2	安全文明施工费	安全及文明施工措施费		23 984.23
二	间接费	规费＋企业管理费		370 992.44
（一）	规费	工程排污费＋社会保障费＋住房公积金		211 606.33
1	工程排污费	人工费＋材料费	0.19	2 071.37
2	社会保障费	养老保险费＋失业保险费＋医疗保险费＋生育保险费＋工伤保险费		179 663.69
（1）	养老保险费	人工费＋材料费	11.02	120 139.19
（2）	失业保险费	人工费＋材料费	1.11	12 101.13
（3）	医疗保险费	人工费＋材料费	3.56	38 810.85
（4）	生育保险费	人工费＋材料费	0.37	4 033.71
（5）	工伤保险费	人工费＋材料费	0.42	4 578.81
3	住房公积金	人工费＋材料费	2.74	29 871.27

续表 3-59

序号	费用名称	取费说明	费率/%	金额/元
（二）	企业管理费	人工费＋材料费	14.62	159 386.11
三	利润	人工费＋材料费	10	109 019.23
四	动态调整	人材机价差		113 265.8
	人材机价差	人材机价差		113 265.8
五	增值税销项税额	直接费＋间接费＋利润＋动态调整	9	380 651.83
六	工程造价	直接费＋间接费＋利润＋动态调整＋增值税		4 590 057.03

编制人：　　　　　　　　　　审核人：

表 3-60　单位工程措施项目计价表

工程名称：园林绿化工程　　　　　　　　　　第 1 页　共 1 页

序号	项目名称	基数说明	费率/%	金额/元
050405001001	安全文明施工			23 984.23
1	其中：环境保护费、文明施工费、安全防护费	人工费＋可计量措施人工费	0.1	1 090.19
2	其中：临时设施费	人工费＋可计量措施人工费	2.1	22 894.04
050405002001	夜间施工		0	
050405003001	非夜间施工照明		0	
050405004001	二次搬运	人工费＋可计量措施人工费	0	
050405005001	冬雨季施工	人工费＋可计量措施人工费	0	
050405006001	反季节栽植影响措施		0	
050405007001	地上、地下设施、建筑物的临时保护设施		0	
050405008001	已完工程及设备保护	人工费＋可计量措施人工费	0	
05B101	工程定位复测、点交、清理费	人工费＋可计量措施人工费	0.11	1 199.21
05B102	检验试验费	人工费＋可计量措施人工费	0.21	2 289.4
05B103	施工因素增加费	人工费＋可计量措施人工费	1.52	16 570.92
050403001001	树木支撑架			5 226.55
050403002001	草绳绕树干			6 523.65
041101005001	井字架			1 588.99
	合计			57 382.95

表 3-61　单位工程(可计量措施项目)预算表

工程名称:园林绿化工程　　　　第 1 页　共 1 页

序号	编码	项目名称	计量单位	工程量	价值/元		费用/元		
					单价	合价	人工费	材料费	机械费
1	050403001001	树木支撑架				5 226.55	2 730.45	2 496.1	
1.1	5-72	树木支撑架 树棍桩四脚桩	株	545	9.59	5 226.55	2 730.45	2 496.1	
2	050403002001	草绳绕树干				6 523.65	2 558.78	3 964.88	
2.1	5-80	草绳绕树杆胸径<15 cm	m	817.5	7.98	6 523.65	2 558.78	3 964.88	
3	041101005001	井字架				1 588.99	1 457.69	117.13	14.17
3.1	9-139	钢管井字架 井深<4 m	座	13	122.23	1 588.99	1 457.69	117.13	14.17
		合计				13 339.19	6 746.92	6 578.11	14.17

编制人:　　　　审核人:

表 3-62　单位工程人材机价差表

工程名称:园林绿化工程　　　　第 1 页　共 1 页

序号	材料名称	单位	材料量	预算价/元	信息价/元	价差/元	价差合计/元
1	市政土建综合工日	工日	9 337.09	62.68	75.04	12.36	115 406.43
2	园林建筑综合工日	工日	7 772.12	62.68	75.04	12.36	96 063.40
3	园林安装综合工日	工日	270.71	65.34	76.76	11.42	3 091.51
4	低碳热轧盘条(高线)HPB300 Φ10 以内	t	0.06	3 126.91	3 720.51	593.60	35.62
5	普通硅酸盐水泥 42.5(R)	kg	2 140.57	0.46	0.48	0.02	42.81
6	预制混凝土块	m^3	25.99	220.43	380	159.57	4 147.22
7	砾石 40 mm	m^3	0.89	33.49	63.14	29.65	26.39
8	碎石	m^3	1.95	53.48	61.19	7.71	15.03
9	中(粗)砂	m^3	1.78	53.43	58.28	4.85	8.63
10	中(细)砂	m^3	4.15	53.43	58.58	5.15	21.37
11	中砂(干净)	m^3	0.38	53.43	58.28	4.85	1.84
12	PE 管 Φ50	m	2 253.16	30.52	6.65	−23.87	−53 782.93
13	PE 管件 Φ50	个	499.23	27.75	5	−22.75	−11 357.48
14	PE 管 Φ110	m	448.19	39.89	16.55	−23.34	−10 460.75
15	PE 管 Φ90	m	592.92	39.89	9.85	−30.04	−17 811.32
16	PE 管件 Φ90	个	111.61	34.78	5	−29.78	−3 323.75
17	PE 管件 Φ110	个	84.36	34.78	10	−24.78	−2 090.44
18	水 1	m^3	3 519.11	5.68	3.5	−2.18	−7 671.66
19	水 2	m^3	415.17	3.57	3.5	−0.07	−29.06
20	商品混凝土 C30	m^3	3.21	228.27	364.41	136.14	437.01
21	柴油(机械用)1	kg	526.24	5.45	5.41	−0.04	−21.05
22	柴油(机械用)2	kg	712.11	5.7	5.41	−0.29	−206.51
23	电(机械用)	kW·h	41.15	0.45	0.43	−0.02	−0.82
24	机械综合工日 1	工日	39.1	65.34	76.6	11.26	440.27
25	机械综合工日 2	工日	33.36	65.34	76.6	11.26	375.63
26	汽油(机械用)	kg	240.48	6.03	5.58	−0.45	−108.22
	合计						113 249.18

编制人:　　　　审核人:

【学徒任务】

项目	自评	企业评价
1. 以身边的某个已完工的园林工程为例，用定额计价法预算其造价，然后和实际成本做比较，分析两者之间出现差别的原因		
2. 绿化工程中，乔灌木规格与土球直径之间及土球直径和高度之间的关系如何表示		
3. 分项工程直接工程费如何计算		
4. 用定额计价编制园林工程预算书的步骤总结，可在后面附上在工作岗位上参与的园林工程预算书 步骤 1 步骤 2 步骤 3 步骤 4 步骤 5 步骤 6 步骤 7		

任务 4　园林工程工程量清单计价

【任务目标与质量要求】

工程量清单计价是现行使用非常广泛的园林建设工程计价的方式。相比定额计价，它体现了公开、公平和公正的原则，在招投标过程中，风险由招标人和投标人共同承担。投标人根据招标人提供的工程量清单自主报价，参加投标和竞标活动。依据地方定额或企业定额编制工程预算书参加竞标。广联达是全国范围内使用的计价软件。园林工程工程量清单计价关系到投标的成败，从而关系到企业的生产效益和长远发展。

【学习产出目标】

1. 熟悉合同和工程量清单。
2. 熟悉相应招标文件要求。
3. 熟悉并使用定额。
4. 利用所在地的相关规定和取费标准计算除定额直接费以外的其他费用。
5. 熟练使用广联达预算软件。
6. 加强核算，降低成本，提高生产效率和经济效益。
7. 发现问题及时与企业师傅沟通，保证工作效率，营造良好工作氛围。

用预算软件编制工程量清单计价

（一）用预算软件编制工程量清单计价的优点

随着我国经济的发展，建筑行业随之飞速发展，建筑结构也越来越复杂多样，工程量清单计价领域计算工程量增多、复杂程度增大，工程量清单计价精确度和快慢程度直接关系到预算的质量。利用预算软件编制工程量清单计价，不仅能提高计价的质量和速度，更减轻了造价人员的工作量。

利用预算软件编制工程量清单计价，可以直接导入招标文件电子表格数据，生成相应的投标计价表格和对应的数据，选定合适的专业，根据项目名称、项目特征描述直接查询和套用定额，综合单价根据选定的定额可自动生成，软件的分部分项工程量清单、措施项目工程量清单、其他项目工程量清单及规费税金等各项工作界面清晰直观，定额换算或补充定额等功能设置灵活，调价方便，费率可直接选取或者按需设定，各分部分项的费用小计及所有报表内的合计金额随综合单价的确定直接同步计算完成，最后报表根据需要直接自行打印即可。

（二） 用预算软件编制工程量清单计价

以目前广泛使用的广联达云计价平台 GCCP6.0 及开发区横一路绿化工程为例进行演示讲解。

图 3-12 至图 3-21 展示了预算软件编制工程量清单计价基本流程。

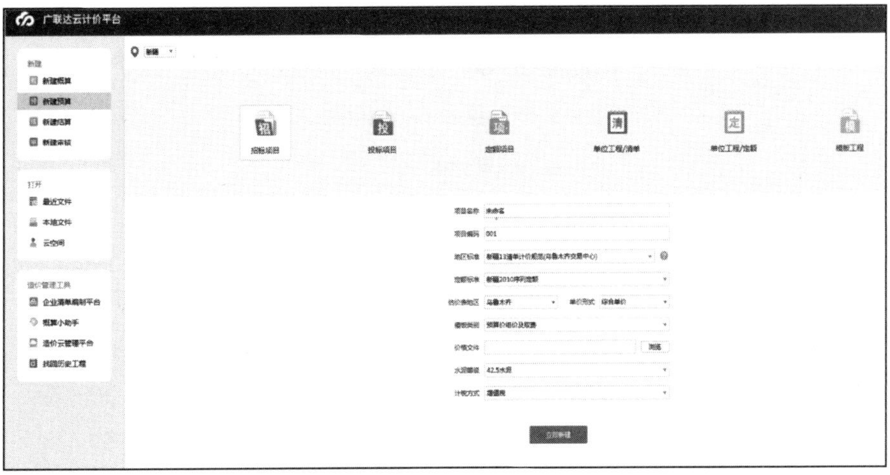

图 3-12 广联达云计价平台 GCCP6.0 打开的初始界面

软件功能选择界面（图 3-13）包含招标项目、投标项目、定额项目、单位工程/清单、单位工程/定额五项功能按钮。

图 3-13 软件功能选择界面（以投标项目为例）

（表内费用汇总可根据施工当期的人工、材料等信息价及市场价格进行相应调整）

图 3-14　工程基本信息录入及清单专业、定额库选择

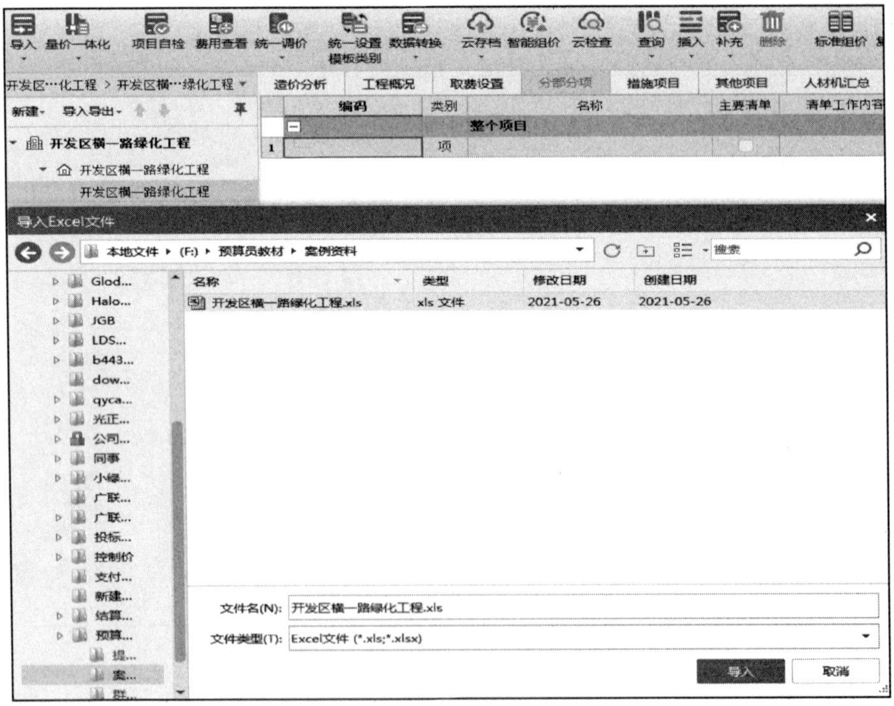

图 3-15　电子表格数据导入计价软件

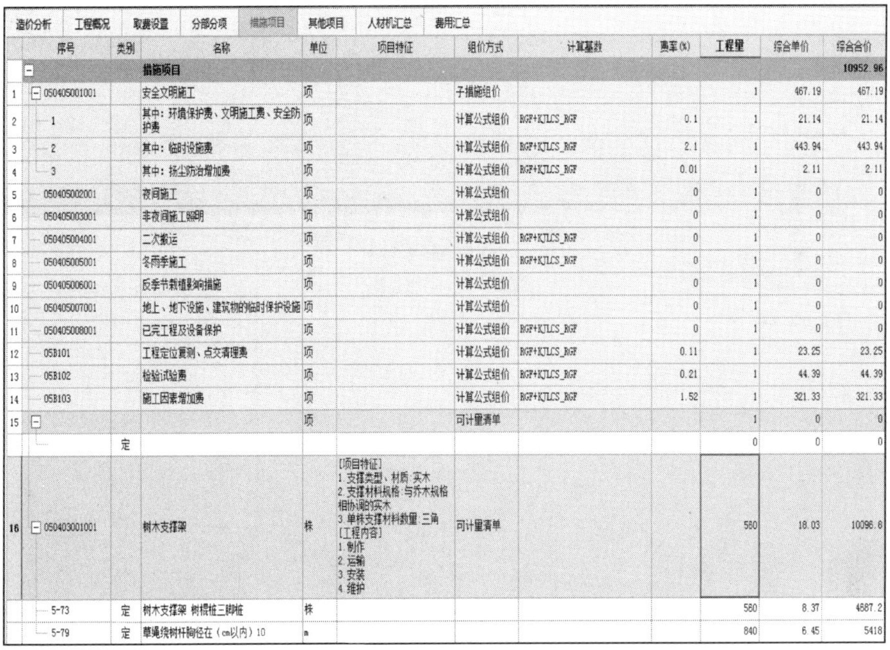

造价分析 工程概况 取费设置 分部分项 措施项目 其他项目 人材机汇总 费用汇总

	序号	类别	名称	单位	项目特征	组价方式	计算基数	费率(%)	工程量	综合单价	综合合价
			措施项目								10952.96
1	050405001001		安全文明施工	项		子措施组价			1	467.19	467.19
2	1		其中：环境保护费、文明施工费、安全防护费	项		计算公式组价	RGF+KJLCS_RGF	0.1	1	21.14	21.14
3	2		其中：临时设施费	项		计算公式组价	RGF+KJLCS_RGF	2.1	1	443.94	443.94
4	3		其中：扬尘防治增加费	项		计算公式组价	RGF+KJLCS_RGF	0.01	1	2.11	2.11
5	050405002001		夜间施工	项		计算公式组价		0	1	0	0
6	050405003001		非夜间施工照明	项		计算公式组价		0	1	0	0
7	050405004001		二次搬运	项		计算公式组价	RGF+KJLCS_RGF	0	1	0	0
8	050405005001		冬雨季施工	项		计算公式组价	RGF+KJLCS_RGF	0	1	0	0
9	050405006001		反季节栽植影响措施	项		计算公式组价		0	1	0	0
10	050405007001		地上、地下设施、建筑物的临时保护设施	项		计算公式组价		0	1	0	0
11	050405008001		已完工程及设备保护	项		计算公式组价	RGF+KJLCS_RGF	0	1	0	0
12	05B101		工程定位复测、点交清理费	项		计算公式组价	RGF+KJLCS_RGF	0.11	1	23.25	23.25
13	05B102		检验试验费	项		计算公式组价	RGF+KJLCS_RGF	0.21	1	44.39	44.39
14	05B103		施工因素增加费	项		计算公式组价	RGF+KJLCS_RGF	1.52	1	321.33	321.33
15				项		可计量清单			1	0	0
		定							0	0	0
16	050403001001		树木支撑架	株	[项目特征] 1.支撑类型、材质:实木 2.支撑材料规格:与乔木规格相协调的实木 3.单株支撑材料数量:三角 [工程内容] 1.制作 2.运输 3.安装 4.维护	可计量清单			580	18.03	10096.6
	5-73	定	树木支撑架 树棍桩三脚桩	株					580	8.37	4687.2
	5-79	定	草绳绕树杆胸径在（cm以内）10	m					840	6.45	5418

图 3-16 分部分项工程量清单计价表定额运距换算

图 3-17 分部分项工程量清单计价表定额套用

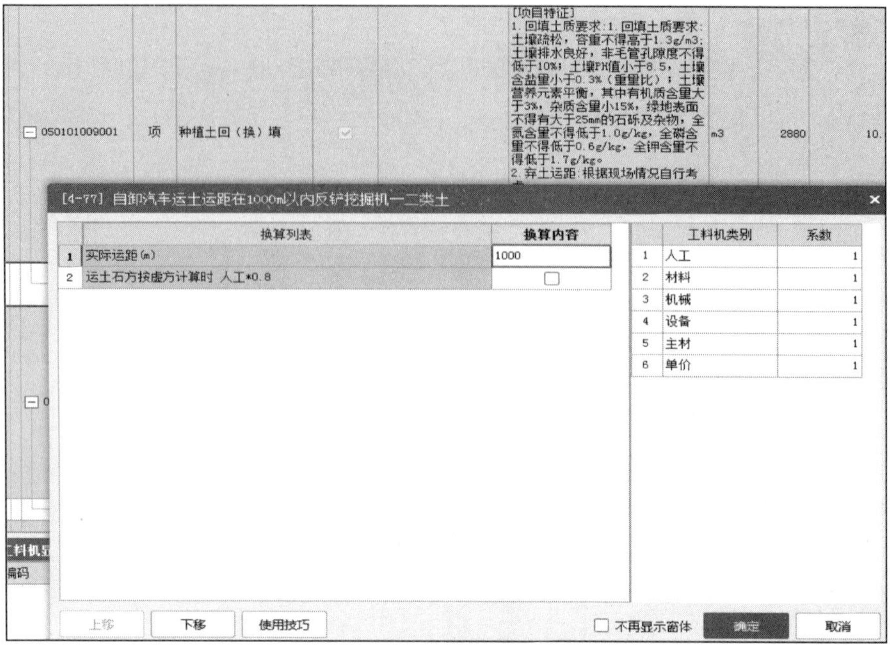

图 3-18　措施项目清单计价

图 3-19　其他项目清单计价

造价分析 | 工程概况 | 取费设置 | 分部分项 | 措施项目 | 其他项目 | 人材机汇总 | 费用汇总

所有人材机
- 人工表
- 材料表
- 机械表
- 设备表
- 主材表

主要材料表
暂估材料表
发包人供应材料和...
承包人主要材料和...

	编码	类别	名称	规格型号	单位	数量	不含税预算价	不含税市场价	含税市场价
1	106000010	人	园林建筑综合工日		工日	1946.015	64.56	64.56	64.56
2	301002130	材	镀锌铁丝 12#		kg	56	4.322	4.322	4.322
3	303002150	材	树棍（长1.2m）		根	1680	1.037	1.037	1.037
4	322000500	材	草绳		kg	1680	1.615	1.615	1.615
5	322002630	材	水		m3	625.31	5.68	5.68	5.68
6	412000010	机	柴油(机械用)		kg	771.192	5.448	5.448	5.448
7	412000030	机	机械综合工日		工日	74.304	65.91	65.91	65.91
8	412000040	机	汽油(机械用)		kg	1468.84032	6.027	6.027	6.027
9	CCSJQTF	机	车船使用税及其他费用		元	781.55424	1	1	1
10	DXLF	机	大修理费		元	769.28688	1	1	1
11	JCF	机	经常修理费		元	2775.7512	1	1	1
12	ZJF	机	折旧费		元	5978.871072	1	1	1
13	400000070	机	反铲挖掘机 1m3		台班	10.08	506.125	506.125	506.125
14	400000255	机	履带式推土机 75kW		台班	6.64	659.065	659.065	659.065
15	403000160	机	洒水车 4000L		台班	1.726	365.239	365.239	365.239
16	403000265	机	自卸汽车综合		台班	45.216	371.763	371.763	371.763

图 3-20　人材机费

造价分析 | 工程概况 | 取费设置 | 分部分项 | 措施项目 | 其他项目 | 人材机汇总 | 费用汇总

	序号	费用代号	名称	计算基数	基数说明	费率(%)	金额	费用类别
1	一、	A	分部分项工程费	FBFXHJ	分部分项合计		613,200.17	分部分项工程费
2	二、	B	措施工程费	CSXMHJ	措施项目合计		27,877.64	措施项目费
3	2.1	B1	其中：安全文明施工费	AQWMSGF	安全及文明施工措施费		9,702.63	安全文明施工费
4	三、	C	其他项目费	C1+C2+C3+C4	暂列金额+专业工程暂估价+计日工+总承包服务费		60,000.00	其他项目费
5	3.1	C1	暂列金额	暂列金额	暂列金额		60,000.00	暂列金额
6	3.2	C2	专业工程暂估价	专业工程暂估价	专业工程暂估价		0.00	专业工程暂估价
7	3.3	C3	计日工	计日工	计日工		0.00	计日工
8	3.4	C4	总承包服务费	总承包服务费	总承包服务费		0.00	总承包服务费
9	四、	D	规费	D1 + D2 + D3	工程排污费+社会保险费+住房公积金		85,216.34	规费
10	4.1	D1	工程排污费	RGF+KJLCS_RGF	分部分项人工费+可计量措施人工费	0.19	834.16	工程排污费
11	4.2	D2	社会保险费	D21 + D22 + D23 + D24 + D25	养老保险费+失业保险费+医疗保险费+生育保险费+工伤保险费		72,352.67	社会保障费
12	4.21	D21	养老保险费	RGF+KJLCS_RGF	分部分项人工费+可计量措施人工费	11.02	48,381.46	养老保险费
13	4.22	D22	失业保险费	RGF+KJLCS_RGF	分部分项人工费+可计量措施人工费	1.11	4,873.27	失业保险费
14	4.23	D23	医疗保险费	RGF+KJLCS_RGF	分部分项人工费+可计量措施人工费	3.56	15,629.58	医疗保险费
15	4.24	D24	生育保险费	RGF+KJLCS_RGF	分部分项人工费+可计量措施人工费	0.37	1,624.42	女工生育保险
16	4.25	D25	工伤保险费	RGF+KJLCS_RGF	分部分项人工费+可计量措施人工费	0.42	1,843.94	工伤保险费
17	4.3	D3	住房公积金	RGF+KJLCS_RGF	分部分项人工费+可计量措施人工费	2.74	12,029.51	住房公积金
18	五、	E	增值税销项税额	A + B + C + D	分部分项工程费+措施工程费+其他项目费+规费	9	70,766.47	税金
19	六、	F	工程造价	A + B + C + D + E	分部分项工程费+措施工程费+其他项目费+规费+增值税销项税额		857,060.62	工程造价

图 3-21　单位工程费用汇总

【业务经验】

用预算软件生成工程量清单计价报表包括：

（1）建设项目投标报价汇总表；

（2）单项工程投标报价汇总表；

（3）单位工程投标报价汇总表；

（4）分部分项工程和单价措施项目清单与计价表；

（5）综合单价分析表；

（6）总价措施项目清单计价表；

（7）其他措施项目清单计价表：

①暂列金额明细表；

②材料（工程设备）暂估价及调整表；

③专业工程暂估价及结算价表；

④计日工表；

⑤总承包服务费计价表；

⑥规费、税金项目清单计价表。

【工作任务实施记录与评价】

用预算软件编制工程量清单计价考核方案，详见表3-63。

表3-63 用预算软件编制工程量清单计价考核方案

考核内容	考核要求与标准	自我赋分	师傅赋分
1. 软件使用步骤正确(25分)	熟悉软件使用流程		
2. 计算正确(25分)	(1)直接费用计算正确 (2)其他费用计算正确 (3)汇总正确		
3. 格式完整(25分)	格式完整		
4. 核对(15分)	仔细、认真、不多算、不漏算、不少算，精度和计量单位无误		
5. 职业精神(10分)	工作中认真负责，遵守企业规章制度，良好有效沟通，尊重企业师傅		

【考核】

1. 学徒关键职业能力及职业品质、工匠精神评价

项目	A	B	C	D
工作态度				
吃苦耐劳				
团队协作				
沟通交流				
学习钻研				
认真负责				
诚实守信				

2. 学徒的考核

项目	85分以上	70～85分	60～69分	60分以下	权重
响应招标文件要求					50%
计算正确					20%
格式完整					15%
排版合理					5%
校核					5%
学徒手册					5%
总体评价					

【工程量清单计价案例】

（一） 单位工程投标报价汇总表

某给水管网工程的单位工程投标报价汇总表见表3-64。

表3-64 单位工程投标报价汇总表

工程名称：园林绿化工程　　标段：某给水管网工程　　第1页　共1页

序号	汇总内容	金额/元	其中：暂估价/元
一	分部分项工程费	240 470.6	
二	措施工程费	1 649.13	
1	其中：安全文明施工费	898.04	
三	其他项目费		—
1	暂列金额		—
2	专业工程暂估价		—
3	计日工		—
4	总承包服务费		—
四	规费	7 923.18	—
五	增值税销项税额	22 503.86	—
六	投标报价合计＝一＋二＋三＋四＋五	272 546.77	

注：本表适用于单位工程招标控制价或投标报价的汇总，如无单位工程划分，单项工程也使用本表汇总

（二） 分部分项工程量清单计价编制

如表3-65所示编制分部分项工程和单价措施项目清单与计价表。

（三） 综合单价分析表

本案例只列出一个综合单价分析表（表3-66）。

（四） 措施项目清单计价编制

措施项目清单计价编制见表3-67。

表 3-65　分部分项工程和单价措施项目清单与计价表

工程名称:园林绿化工程　　标段:某给水管网工程　　第　页　共　页

序号	项目编码	项目名称	项目特征描述	计量单位	工程量	金额/元 综合单价	金额/元 合价	金额/元 其中 暂估价
		分部分项						
1	010101002001	挖一般土方	1. 土壤类别:一二类土 2. 弃土运距:连挖带运(外运 10 km)	m^3	2 762.5	32.64	90 168	
2	010101003001	挖沟槽土方	1. 土壤类别:一二类土 2. 弃土运距:只挖不运(人机配合)	m^3	364	10.28	3 741.92	
3	010101003002	挖沟槽土方	1. 土壤类别:一二类土 2. 弃土运距:只挖不运(人挖)	m^3	439.74	37.18	16 349.53	
4	010103001001	回填方	密实度要求:原土回填(夯填)	m^3	439.74	16.06	7 062.22	
5	050103001001	喷灌管线安装	1. 管道品种、规格:PE 管 2. 管件品种、规格:Φ75	m	2 443	45.53	111 229.79	
6	050103001002	喷灌管线安装	1. 管道品种、规格:PE 管 2. 管件品种、规格:Φ32	m	65.6	21.55	1 413.68	
7	050103002001	喷灌配件安装	1. 管道附件、阀门、喷头品种、规格:DE32 单出水阀	个	55	121.53	6 684.15	
8	050103002002	喷灌配件安装	管道附件、阀门、喷头品种、规格:DE32 双出水阀	个	27	141.53	3 821.31	
		分部小计					240 470.6	
		措施项目						
		分部小计					0	
			本页小计				240 470.6	
			合计				240 470.6	

注:为计取规费等的使用,可在表中增设其中:“定额人工费”

表 3-66　综合单价分析表

工程名称：园林绿化工程　　标段：某给水管网工程　　第　页　共　页

<table>
<tr><td colspan="2">项目编码</td><td colspan="3">010101002001</td><td colspan="2">项目名称</td><td colspan="3">挖一般土方</td><td>计量单位</td><td>m³</td><td>工程量</td><td>2 762.5</td></tr>
<tr><td colspan="14">清单综合单价组成明细</td></tr>
<tr><td rowspan="2">定额编号</td><td rowspan="2">定额项目名称</td><td rowspan="2">定额单位</td><td rowspan="2">数量</td><td colspan="5">单价/元</td><td colspan="5">合价/元</td></tr>
<tr><td>人工费</td><td>材料费</td><td>机械费</td><td>管理费和利润</td><td>风险费</td><td>人工费</td><td>材料费</td><td>机械费</td><td>管理费和利润</td><td>风险费</td></tr>
<tr><td>借 1-69</td><td>反铲挖掘机挖土(斗容量 0.6 m³)装车一二类土</td><td>1 000 m³</td><td>0.001</td><td>486</td><td>0</td><td>4 387.4</td><td>1 363.09</td><td>0</td><td>0.49</td><td>0</td><td>4.39</td><td>1.36</td><td>0</td></tr>
<tr><td>借 1-384 换</td><td>自卸汽车运土(载重 10 t 以内)运距 1 km 内，实际运距(km)：10，自卸汽车运土，如系反铲挖掘机装车机械[403000320] 含量×1.1</td><td>1 000 m³</td><td>0.001</td><td>0</td><td>18.6</td><td>20 613.78</td><td>5 765.67</td><td>0</td><td>0</td><td>0.02</td><td>20.61</td><td>5.77</td><td>0</td></tr>
<tr><td colspan="2">人工单价</td><td colspan="7">小计</td><td>0.49</td><td>0.02</td><td>25</td><td>7.13</td><td>0</td></tr>
<tr><td colspan="2">市政土建综合工日 81 元/工日</td><td colspan="7">未计价材料费</td><td colspan="5">0</td></tr>
<tr><td colspan="9">清单项目综合单价/元</td><td colspan="5">32.64</td></tr>
<tr><td rowspan="3">材料费明细</td><td colspan="4">主要材料名称、规格、型号</td><td colspan="2">单位</td><td colspan="2">数量</td><td>单价/元</td><td>合价/元</td><td>暂估单价/元</td><td colspan="2">暂估合价/元</td></tr>
<tr><td colspan="4">水</td><td colspan="2">m³</td><td colspan="2">0.012</td><td>1.55</td><td>0.02</td><td></td><td colspan="2"></td></tr>
<tr><td colspan="4">材料费小计</td><td colspan="2"></td><td colspan="2"></td><td>—</td><td>0.02</td><td>—</td><td colspan="2">0</td></tr>
</table>

注：1. 如不使用省级或行业建设主管部门发布的计价依据，可不填定额编码、名称等；

2. 招标文件提供了暂估单价的材料，按暂估的单价填入表内“暂估单价”栏及“暂估合价”栏

表 3-67 措施项目清单与计价表

工程名称:园林绿化工程　　　　标段:某给水管网工程　　　　第 1 页 共 1 页

序号	项目编码	项目名称	计算基础	费率/%	金额/元	调整费率/%	调整后金额/元	备注
1	050405001001	安全文明施工			898.04			
2	1	其中:环境保护费、文明施工费、安全防护费	分部分项人工费+可计量措施人工费	0.1	40.82			
3	2	其中:临时设施费	分部分项人工费+可计量措施人工费	2.1	857.22			
4	050405002001	夜间施工		0				
5	050405003001	非夜间施工照明		0				
6	050405004001	二次搬运	分部分项人工费+可计量措施人工费	0				
7	050405005001	冬雨季施工	分部分项人工费+可计量措施人工费	0				
8	050405006001	反季节栽植影响措施		0				
9	050405007001	地上、地下设施、建筑物的临时保护设施		0				
10	050405008001	已完工程及设备保护	分部分项人工费+可计量措施人工费	0				
11	05B101	工程定位复测、点交、清理费	分部分项人工费+可计量措施人工费	0.11	44.9			
12	05B102	检验试验费	分部分项人工费+可计量措施人工费	0.21	85.72			
13	05B103	施工因素增加费	分部分项人工费+可计量措施人工费	1.52	620.47			
		合计			1 649.13			

编制人(造价人员):　　　　复核人(造价工程师):

注:按施工方案计算的措施费,若无“计算基础”和“费率”的数值,也可只填“金额”数值,但应在备注栏说明施工方案出处或计算方法

（五）其他项目清单计价编制

包括暂列金额、暂估价、材料（工程设备）暂估价、专业工程暂估价、计日工、总承包服务费，如表3-68所示。在实际案例的正式预算书中，此表需单独占一页。

表3-68 其他项目清单与计价汇总表

工程名称：园林绿化工程　　　标段：某给水管网工程　　　第1页　共1页

序号	项目名称	金额/元	结算金额/元	备注
1	暂列金额			明细详见表3-69
2	暂估价			
2.1	材料暂估价	—		明细详见表3-70
2.2	专业工程暂估价			明细详见表3-71
3	计日工			明细详见表3-72
4	总承包服务费			明细详见表3-73
	合计	0		—

注：材料（工程设备）暂估单价进入清单项目综合单价，此处不汇总

（六）暂列金额明细表

暂列金额为工程分部分项费用的10%～15%，具体格式见下表3-69。

表3-69 暂列金额明细表

工程名称：绿化工程　　　标段：某给水管网工程　　　第1页　共1页

序号	项目名称	计量单位	暂定金额/元	备注
1		项		
2				
⋮				
	合计			—

注：此表由招标人填写，如不能详列，也可只列暂列金额总额，投标人应将上述暂列金额计入投标总价中

（七）材料（工程设备）暂估单价及调整表

材料（工程设备）暂估单价及调整表如表3-70所示。

表3-70 材料（工程设备）暂估单价及调整表

工程名称：绿化工程　　　标段：标段：某给水管网工程　　　第1页　共1页

序号	材料（工程设备）名称、规格、型号	计量单位	数量		暂估/元		确认/元		差额±/元		备注
			暂估	确认	单价	合价	单价	合价	单价	合价	
1											
2											
⋮											
	合计										

注：此表由招标人填写“暂估单价”，并在备注栏说明暂估价的材料、工程设备拟用在那些清单项目上，投标人应将上述材料、工程设备暂估单价计入工程量清单综合单价报价中

（八） 专业工程暂估单价及调整表

专业工程暂估单价及结算价表如表 3-71 所示。

表 3-71 专业工程暂估价及结算价表

工程名称：绿化工程　　标段：某给水管网工程　　第 1 页　共 1 页

序号	工程名称	工程内容	暂估金额/元	结算金额/元	差额/元	备注
1						
2						
⋮						
	合计					—

注：此表“暂估金额”由招标人填写，投标人应将“暂估金额”计入投标总价中。结算时按合同约定结算金额填写

（九） 计日工表

计日工如表 3-72 所示。

表 3-72 计日工表

工程名称：绿化工程　　标段：标段：某给水管网工程　　第 1 页　共 1 页

编号	项目名称	单位	暂定数量	实际数量	综合单价/元	合价/元	
						暂定	实际
1	人工	工日					
1.1							
		人工小计					
2	材料						
2.1							
3	机械						
3.1							
4	企业管理费和利润						
		总计					

注：此表项目名称、暂定数量由招标人填写，编制招标控制价时，单价由招标人按有关计价规定确定；投标时，单价由投标人自主报价，按暂定数量计算合价计入投标总价中。结算时，按发承包双方确认的实际数量计算合价

（十） 总承包服务费计价表

总承包服务费计价表见表 3-73。

表 3-73　总承包服务费计价表

工程名称：绿化工程　　　　标段：某给水管网工程　　　　第 1 页　共 1 页

序号	项目名称	项目价值/元	服务内容	计算基础	费率/%	金额/元
1						
2						
		合计				

注：此表项目名称、服务内容由招标人填写，编制招标控制价时，费率及金额由招标人按有关计价规定确定；投标时，费率及金额由投标人自主报价，计入投标总价中

（十一）规费、税金项目清单计价表

规费、税金项目清单计价表如表 3-74 所示。

表 3-74　规费、税金项目清单计价表

工程名称：绿化工程　　　　标段：某给水管网工程　　　　第 1 页　共 1 页

序号	项目名称	计算基础	计算基数	计算费率/%	金额/元
1	规费	工程排污费＋社会保险费＋住房公积金	7 923.18		7 923.18
1.1	工程排污费	分部分项人工费＋可计量措施人工费	40 820.15	0.19	77.56
1.2	社会保险费	养老保险费＋失业保险费＋医疗保险费＋生育保险费＋工伤保险费	6 727.15		6 727.15
1.2.1	养老保险费	分部分项人工费＋可计量措施人工费	40 820.15	11.02	4 498.38
1.2.2	失业保险费	分部分项人工费＋可计量措施人工费	40 820.15	1.11	453.1
1.2.3	医疗保险费	分部分项人工费＋可计量措施人工费	40 820.15	3.56	1 453.2
1.2.4	生育保险费	分部分项人工费＋可计量措施人工费	40 820.15	0.37	151.03
1.2.5	工伤保险费	分部分项人工费＋可计量措施人工费	40 820.15	0.42	171.44
1.3	住房公积金	分部分项人工费＋可计量措施人工费	40 820.15	2.74	1 118.47
2	税金	分部分项工程费＋措施费＋规费＋其他项目清单费		3.48	
		合计			22 573.51

编制人（造价人员）：　　　　　　　　　复核人（造价工程师）：

【学徒任务】

项目	自评	企业评价
1. 工程量清单编制的“四个统一”原则		
2. 园林工程预算的单价分别是哪几种		
3. 工程量清单计价的公开、公平、公正是如何体现的		
4. 综合单价		
工程量清单计价步骤，附上在工作岗位上参与的一份工程量清单计价报价表		
步骤 1		
步骤 2		
步骤 3		
步骤 4		
步骤 5		
步骤 6		
步骤 7		

比较项（计价模式）	定额计价模式下的招投标	工程量清单计价模式下的招投标
标底或招标控制		
投标报价		
评标		
风险分担		

自评	
企业评价	

项目3 园林工程竣工结算

【专业知识准备】

一、 工程预付款

工程预付款，又称材料备料款或材料预付款。工程项目开工前，为了确保工程施工正常进行，建设单位应按照合同规定，拨付给施工企业一定限额的工程预付款。此预付款构成施工企业为该工程项目储备主要材料和结构件所需的流动资金。

（一） 预付款限额

建设单位向施工企业预付款的限额，取决于以下几个因素。

(1) 工程项目中主要材料（包括外购构件）占工程合同造价的比重。

(2) 材料储备期。

(3) 施工工期。

在实际工作中，为了简化计算，预付款的限额可按预付款占工程合同造价的额度计算，具体比例由发包方和承包方共同约定。其计算公式为：

预付款＝工程合同造价×预付款额度

（二） 预付备料款扣回

当工程进展到一定阶段，随着工程所需储备的主要材料和结构件逐步减少，建设单位应将开工前预付的备料款，以抵充工程进度款的方式陆续扣回，并在竣工结算前全部扣清。

扣款的两种方式：

(1) 发包人和承包人通过洽商用合同的形式予以确定。

(2) 从未施工工程尚需的主要材料及构件的价值相当于工程预付款数额时扣起，

按材料及构件比重扣抵工程价款，至竣工之前全部扣清。

工程预付款起扣点可按下式计算：

$$T=P-\frac{M}{N}$$

T——起扣点，即工程预付款开始扣回的累计完成工程金额，$T\leqslant M$；

P——承包工程合同总额；

M——工程预付款数额；

N——主要材料及构件所占比重。

二、 工程进度款

工程进度款是指工程项目开工后，施工企业按照工程施工进度和施工合同的规定，以当月（期）完成的工程量为依据计算各项费用，向建设单位办理结算的工程价款。一般在月初结算上月完成的工程进度款。

工程进度款的结算分开工前期、施工中期和工程尾期结算3种。

（一） 开工前期进度款结算

开工前期进度款结算从工程项目开工，到施工进度累计完成的产值小于“起扣点”，这期间称为开工前期。此时，每月结算的工程进度款应等于当月（期）已完成的产值。其计算公式为：

本月（期）应结算的工程进度款＝本月（期）已完成产值＝Σ本月已完成工程量×预算单价＋相应收取的其他费用

（二） 施工中期进度款结算

结算当工程施工进度累计完成的产值达到“起扣点”以后，至工程竣工结束前一个月，这期间称为施工中期。此时，每月结算的工程进度款，应扣除当月（期）应扣回的工程预付备料款。其计算公式为：

本月（期）应抵扣的预付备料款＝本月（期）已完成产值×主材费所占比重

本月（期）应结算的工程进度款＝本月（期）已完成产值×本月（期）应抵扣的预付备料款＝本月（期）已完成产值×（1－主材费所占比重）

对于“起扣点”恰好处于本月完成产值的当月，其计算公式为：

“起扣点”当月应抵扣的预付备料款＝累计完成产值－起扣点主材费所占比重

（三） 施工尾期进度款结算

按照国家有关规定，工程项目总造价中应预留一定比例的尾留款作为质量保修费用，又称“保留金”。待工程项目保修期结束后，视保修情况最后支付。

工程尾期（最后月）的进度款，除按施工中期的办法结算外，尚应扣留“保留金”。其计算公式为：

应扣保留金＝工程合同造价×保留金比例

式中：保留金比例按合同规定计取，一般取5％。

三、竣工结算

竣工结算是指施工企业按照合同规定的内容全部完成所承包的工程，经验收质量合格，并符合合同要求之后，依据招投标文件及施工合同、竣工图纸、设计变更、现场签证等竣工资料，向建设单位（业主）提交确认最后工程价款清算的经济技术文件。工程量清单计价方式下的结算，中标人填报的清单分项工程单价是承包合同的组成部分，结算时按实际完成的工程量，以合同中的工程单价为依据计算结算价款。

（一）提交

承包方必须在约定期限内提交竣工结算文件。未在规定期限内完成，且无法提出正当理由延期的，发包人催告后仍未提交竣工结算或没有明确答复，发包人有权根据已有资料编制竣工结算文件，作为办理竣工结算和支付结算款的依据，承包人应予以认可。

（二）编制依据

（1）建设工程工程量清单计价规范；

（2）工程合同；

（3）发承包双方实施过程中已确认的工程量及其结算的合同价款；

（4）发承包双方实施过程中已确认调整后追加（减）的合同价款；

（5）建设工程设计文件及相关资料；

（6）投标文件；

（7）工程竣工图纸；

（8）工程竣工报告和工程竣工验收报告；

（9）其他相关资料和数据。

（三）工程竣工结算的计价原则

在采用工程量清单计价的方式下的计价原则：总体原则按约定或规定计算，如发生调整的，以双方确认金额调整结算价格。其中，分部分项工程及可计量措施费按双方确认的工程量×已标价工程量清单综合单价的合计金额计算。总价措施项目依据合同约定的项目和金额计算，其中，安全文明施工费必须按规定计算，其他项目费中的计日工按发包人实际签证确认的事项和已标价工程量清单内计日工中标单价计算，暂列金额按现场实际发生签证变更的费用确认。规费和税金按国家、省级、行业建设主管部门规定计算。

任务5　园林工程预付款与进度款

【任务目标与质量要求】

中标后，建设单位按照合同要求支付工程预付款和进度款，这些款项的按时支付是施工单位保证施工进度和质量的前提。施工单位必须按照合同要求和施工单位现场情况合理计算进度款。

【学习产出目标】

1. 熟悉合同的相关条款。
2. 能够合理计算预付款。
3. 掌握施工现场情况，能够正确计算进度款。
4. 加强经济核算，提高劳动效率，降低成本，提高效益。
5. 发现问题及时与企业师傅沟通，保证工作效率，营造良好工作氛围。

【业务经验】

工程进度款的计算，主要涉及两个方面：一是工程量的计量［参见《建设工程工程量清单计价规范》（GB 50500—2013）］；二是单价的计算方法。

单价的计算方法，主要根据由发包人和承包人事先约定的工程价格的计价方法决定。我国一般来讲，工程价格的计价方法可以分为工料单价和综合单价两种方法。二者在选择时，既可采取可调价格的方式，即工程价格在实施期间可随价格变化而调整，也可采取固定价格的方式，即工程价格在实施期间不因价格变化而调整，在工程价格中已考虑价格风险因素并在合同中明确了固定价格所包括的内容和范围，固定单价是最常见的合同形式。

注：施工合同为固定单价合同的，施工单位进度款申请时，应当在投标综合单价（经济标）的基础上，在计价软件分部分项界面工具栏“锁定综合单价”，工程量按当期实际完成的工程量进行修改，使进度款结算综合单价与投标综合单价（经济标）完全保持一致。

工程价格的计价方法为可调工料单价法时，将人工、材料、机械再配上预算价作为直接成本单价，其他直接成本、间接成本、利润、税金分别计算；因为价格是可调的，其人工、材料等费用在竣工结算时按工程造价管理机构公布的竣工调价系数或按主材计算差价或主材用抽料法计算，次要材料按系数计算差价而进行调整。

固定综合单价法是包含了风险费用在内的全费用单价，故不受时间价格的影响。

由于两种计价方法的不同，因此工程进度款的计算方法也不同。

工程进度款的计算当采用可调工料单价法计算工程进度款时，在确定已完工程量后，可按以下步骤计算工程进度款：

（1）根据已完成工程量的项目名称、分项编号、单价得出合价；

（2）将本月所完全部项目合价相加，得出直接工程费小计；

（3）按规定计算措施费、间接费、利润；

（4）按规定计算主材差价或差价系数；

（5）按规定计算税金；

（6）累计本月应收工程进度款。

用固定综合单价法计算工程进度款比用可调工料单价法更方便、省事，工程量得到确认后，只要将工程量与综合单价相乘得出合价，再累加即可完成本月工程进度款的计算工作。

【工作任务实施记录与评价】

进度款计算的学徒考核方案，详见表 3-75。

表 3-75　进度款计算的学徒考核方案

考核内容	考核要求与标准	自我赋分	师傅赋分
1. 熟悉合同(25 分)	熟悉施工合同		
2. 计算预付款(25 分)	根据合同要求计算预付款		
3. 计算进度款(25 分)	根据合同要求和施工现场情况计算进度款		
4. 核对(15 分)	仔细、认真、不多算、不漏算、不少算，精度和计量单位无误		
5. 职业精神(10 分)	工作中认真负责，遵守企业规章制度，良好有效沟通，尊重企业师傅		

【考核】

1. 学徒关键职业能力及职业品质、工匠精神评价

项目	A	B	C	D
工作态度				
吃苦耐劳				
团队协作				
沟通交流				
学习钻研				
认真负责				
诚实守信				

2. 学徒的考核

项目	85 分以上	70～85 分	60～69 分	60 分以下	权重
熟悉合同					50%
预付款					20%
进度款					25%
学徒手册					5%
总体评价					

【预付款、进度款和起扣点案例】

1. 某施工企业承包的园林工程合同造价为 600 万元。双方签订的合同规定：工程预付款额度为 20%，该工程应付预付款多少万元？

该工程的预付款＝600×20%＝120（万元）

备注：对于材料由建设单位供给的只包工不包料工程，则可以不预付工程备料款。

2. 某项园林工程合同总额为 600 万元，工程预付款为合同总额的 20%，主要材料和构件所占比重为 60%，该工程起扣点为多少万元？

解：

工程预付款：M＝600×20%＝120（万元）

工程起扣点：$T=P-M/N$＝600－120/60%＝400（万元）

则当工程完成 400 万元时，本项工程预付款开始扣回。

3. 某企业承包的园林工程合同造价为 600 万元。双方签订的合同规定工程工期为三个月，工程预付备料款额度为工程合同造价的 20%，工程进度款逐月结算，经测算其主要材料费所占比重为 60%，工程保留金为工程合同造价的 5%，各月实际完成的产值见表 3-76，求该工程如何按月结算工程款。

解：

（1）该工程的预付备料款＝600×20%＝120（万元）

工程起扣点＝600－120/60%＝400（万元）

（2）开工前期每月应结算的工程款，按计算公式计算结果如下（表 3-76）。

表 3-76　按计算公式计算　　单位：万元

月份	三月	四月	五月
完成产值	60	100	175
当月应付工程款	60	100	175
累计完成的产值	60	160	335

以上三、四、五月份累计完成的产值均未超过起扣点 400 万元，故无须抵扣工程预付备料款。

（3）施工中期进度款结算

六月份累计完成的产值＝335＋120＝455.00（万元）＞起扣点400万元。

故从六月份开始应从工程进度款中抵扣工程预付的备料款。

六月份应抵扣的预付备料款＝（455－400）×60％＝33.00（万元）

六月份应结算的工程款＝120－33＝87.00（万元）

（4）工程尾期进度款结算

应扣保留金＝600×5％＝30（万元）

七月份办理竣工结算时，应结算的工程尾款为：

工程尾款＝145×(1－60％)－30＝28(万元)

（5）由上述计算结果可知

各月累计结算的工程进度款＝60＋100＋175＋87＋28＝450（万元）

再加上工程预付备料款120万元和保留金30万元，共计600万元。

4. 某施工企业承包的园林工程合同造价为800万元。双方签订的合同规定：工程预付备料款额度为18％；工程进度款达到68％时，开始起扣工程预付备料款。经测算，其主材费所占比重为56％。设该企业在累计完成工程进度64％后的当月，完成工程的产值为80万元。试计算该月应收取的工程进度款及应归还的工程预付备料款。

解：

（1）该企业当月所完成的工程进度为：

（80÷800）×100％＝10％

即当月的工程进度从64％开始，到74％结束。起扣点68％位于月中。

（2）该企业在起扣点前应收取的工程进度款为：

800×（68％－64％）＝800×4％＝32.00（万元）

（3）该企业在起扣点后应收取的工程进度款为：

（80－32）×（1－56％）＝48×44％＝21.12（万元）

（4）该企业当月共计应收取的工程进度款为：

32＋21.12＝53.12（万元）

（5）当月应归还的工程预付备料款为：

80－53.12＝26.88（万元）

或：（80－32）×56％＝26.88（万元）

【学徒任务】

某实施工程项目，采用以直接费为计算基础的全费用单价计价，混凝土分项工程的全部费用单价为446元/m^3，直接费为350元/m^3，间接费费率为12％，利润率为10％，税率为3.41％。施工合同规定：工程无预付款；进度款按月结算；工程量以工程师计量的结果为准；工程预留金按工程进度款的3%逐月扣留，工程师每月签发进度款的最低限额为25万元。

施工过程中，按建设单位要求设计单位提出了一项工程变更，施工单位认为该变更使混凝土分项工程量大幅减少，要求对合同中的单价作相应调整。建设单位则认为应按原合同单价执行。经协调各方达成如下共识；最终减少的该混凝土分项工程量超过原先计划工程量的15%，则该混凝土分项的全部工程量执行新的全费用单价，新全费用单价的间接费和利润调整系数分别为1.1和1.2，其余不变。该混凝土分项工程的计划工程量和经专业工程师计量的变更后实际工程量如表3-77所示。

问题：①计算全新的全费用单价，将计算方法和计算结果填入表中空格。②每月的工程应付款是多少？③工程师签发的实际付款金额应多少？

表3-77 工程量计算表

月份	1月	2月	3月	4月
计划工程量/m^3	500	1 200	1 300	1 300
实际工程量/m^3	500	1 200	700	800

序号	费用项目	全费用单价/(元/m^3)	
		计算方法	结果
①	直接费		
②	间接费		
③	利润		
④	税金		
⑤	含税造价		
自评		企业评价	

记录在学徒岗工作过程中遇到的工程预付款和进度款的计算过程，不够可加页

任务6 工程竣工结算

【任务目标与质量要求】

施工单位施工结束，竣工验收后，要求建设单位按照合同要求支付工程结算价款，结算价款是施工单位维持正常经营和进行下一个工程项目施工的基础，因此必须正确计算。

【学习产出目标】

1. 熟悉合同相关条款。
2. 能够根据施工现场工程完成和验收情况计算结算价款。
3. 能够与施工现场各方人员进行有效沟通。
4. 加强经济核算，提高劳动效率，降低成本，提高效益。
5. 发现问题及时与企业师傅沟通，保证工作效率，营造良好工作氛围。

【业务经验】

竣工结算价款＝合同价－预付款－进度款±变更款－保留金

【工作任务实施记录与评价】

竣工结算的学徒考核方案，详见表 3-78。

表 3-78　竣工结算的学徒考核方案

考核内容	考核要求与标准	自我赋分	师傅赋分
1. 熟悉合同(35 分)	熟悉施工合同		
2. 计算结算价款(35 分)	根据合同要求计算结算价款		
3. 核对(20 分)	仔细、认真、不多算、不漏算、不少算，精度和计量单位无误		
4. 职业精神(10 分)	工作中认真负责，遵守企业规章制度，良好有效沟通，尊重企业师傅		

【考核】

1. 学徒关键职业能力及职业品质、工匠精神评价

项目	A	B	C	D
工作态度				
吃苦耐劳				
团队协作				
沟通交流				
学习钻研				
认真负责				
诚实守信				

2. 学徒的考核

项目	85 分以上	70～85 分	60～69 分	60 分以下	权重
熟悉合同					50%
结算价款					35%
学徒手册					15%
总体评价					

【竣工结算文件的编制案例】

某承包商于某年承包某小区绿化工程项目施工。工程开工日期 2020 年 9 月 1 日，竣工日期 2020 年 11 月 30 日，工期日历数 91 天。承包商中标合同价为 1 285 120.79 元。其中含暂列金额 120 000 元。中标内容主要有小区绿化范围内的种植土回填、乔灌木种植及花卉、草坪种植。具体中标工程量清单详见附表。根据业务确认的实际工程内容，承包商可获得的结算款为多少元？

某小区绿化工程承包商中标工程量清单（单位工程投标报价汇总表）如表 3-79 所示。

表 3-79　单位工程投标报价汇总表

工程名称：某小区绿化工程　　标段：　　第 1 页　共 1 页

序号	汇总内容	金额/元	其中：暂估价/元
一	分部分项工程费	980 440.17	
二	措施工程费	7 135.62	
1	其中：安全文明施工费	258.58	
三	其他项目费	120 000.00	—
1	暂列金额	120 000.00	—
2	专业工程暂估价		—
3	计日工		—
4	总承包服务费		—
四	规费	50 190.69	—
五	增值税销项税额	127 354.31	—
投标报价合计＝一＋二＋三＋四＋五		1 285 120.79	

注：本表适用于单位工程招标控制价或投标报价的汇总，如无单位工程划分，单项工程也使用本表汇总

某小区绿化工程承包商中标工程量清单（分部分项工程和单价措施项目清单计价表）如表 3-80 至表 3-86 所示。

表 3-80　分部分项工程和单价措施项目清单与计价表-1

工程名称：某小区绿化工程　　　　标段：　　　　第　页　共　页

序号	项目编码	项目名称	项目特征描述	计量单位	工程量	金额/元		
						综合单价	合价	其中暂估价
		分部分项						
1	050101010001	整理绿化用地	[项目特征] 回填土质要求：达到设计种植土要求 [工程内容] 1. 排地表水 2. 土方挖、运 3. 耙细、过筛 4. 回填 5. 找平、找坡 6. 拍实 7. 废弃物运输	m^2	9 000	5.55	49 950	
2	050101009002	种植土回（换）填	[项目特征] 回填土质要求：达到设计种植土要求 [工程内容] 1. 土方挖、运 2. 回填 3. 找平、找坡 4. 废弃物运输	m^3	4 500	36.82	165 690	
3	050102001003	栽植乔木	[项目特征] 1. 种类：小叶白蜡 2. 胸径：≥8 cm 3. 枝下高：≥2.5 m 4. 冠幅：≥2.5 m 5. 土球：≥80 cm 6. 备注：雄株，土球高度为直径的 2/3 [工程内容] 1. 起挖 2. 运输 3. 栽植	株	55	1 448.47	79 665.85	
4	050102001004	栽植乔木	[项目特征] 1. 种类：山桃 2. 胸径：≥6 cm 3. 枝下高：≥1.8 m 4. 冠幅：≥1.5 m 5. 土球：≥60 cm 6. 土球高度为直径的 2/3 [工程内容] 1. 起挖 2. 运输 3. 栽植	株	32	811.07	25 954.24	

续表 3-80

序号	项目编码	项目名称	项目特征描述	计量单位	工程量	金额/元		
						综合单价	合价	其中暂估价
5	050102001005	栽植乔木	[项目特征] 1. 种类：紫叶稠李 2. 胸径：≥6 cm 3. 枝下高：≥1.8 m 4. 冠幅：≥1.5 m（修剪后冠幅） 5. 土球：≥60 cm 6. 土球高度为直径的2/3 [工程内容] 1. 起挖 2. 运输 3. 栽植	株	55	928.07	51 043.85	
			本页小计				372 303.94	

注：为计取规费等的使用，可在表中增设其中："定额人工费"

表 3-81　分部分项工程和单价措施项目清单与计价表-2

工程名称：某小区绿化工程　　　　标段：　　　　第　页　共　页

序号	项目编码	项目名称	项目特征描述	计量单位	工程量	金额/元		
						综合单价	合价	其中暂估价
6	050102001006	栽植乔木	[项目特征] 1. 种类：红叶海棠 2. 胸径：≥6 cm 3. 枝下高：≥1.8 m 4. 冠幅：≥1.5 m 5. 土球：≥60 cm 6. 土球高度为直径的2/3 [工程内容] 1. 起挖 2. 运输 3. 栽植	株	46	928.07	42 691.22	
7	050102002001	栽植灌木	[项目特征] 1. 种类：黄刺玫 2. 主枝数：≥5 3. 高度：≥1.5 m 4. 蓬径：≥1.2 m 5. 土球：≥30 cm [工程内容] 1. 起挖 2. 运输 3. 栽植	株	35	62.26	2 179.1	

续表 3-81

序号	项目编码	项目名称	项目特征描述	计量单位	工程量	金额/元		
						综合单价	合价	其中暂估价
8	050102002002	栽植灌木	[项目特征] 1. 种类：榆树球 2. 主枝数：≥5 3. 高度：≥1.5 m 4. 蓬径：≥0.8 m 5. 土球：≥30 cm 6. 备注：主杆高度≥0.6 m，树冠3年生 [工程内容] 1. 起挖 2. 运输 3. 栽植	株	40	101.26	4 050.4	
9	050102002003	栽植灌木	[项目特征] 1. 种类：欧荚蒾 2. 主枝数：≥5 3. 高度：≥1.5 m 4. 蓬径：≥1.2 m 5. 土球：≥30 cm 6. 备注：主杆高度≥0.6 m [工程内容] 1. 起挖 2. 运输 3. 栽植	株	20	152.26	3 045.2	
			本页小计				51 965.92	

注：为计取规费等的使用，可在表中增设其中："定额人工费"

表 3-82　分部分项工程和单价措施项目清单与计价表-3

工程名称：某小区绿化工程　　　　标段：　　　　第　　页　共　　页

序号	项目编码	项目名称	项目特征描述	计量单位	工程量	金额/元		
						综合单价	合价	其中暂估价
10	050102002004	栽植灌木	[项目特征] 1. 种类：红瑞木 2. 主枝数：≥5 3. 高度：≥1.0 m 4. 蓬径：≥0.4 m 5. 土球：≥25 cm 6. 备注：9 株/m^2，初植修剪高度为 0.6 m，成型修剪高度为 1.0 m [工程内容] 1. 起挖 2. 运输 3. 栽植	株	2 402	23.26	55 870.52	

续表 3-82

序号	项目编码	项目名称	项目特征描述	计量单位	工程量	金额/元		
						综合单价	合价	其中暂估价
11	050102002005	栽植灌木	[项目特征] 1. 种类：重瓣榆叶梅 2. 主枝数：≥5 3. 高度：≥0.8 m 4. 蓬径：≥0.4 m 5. 土球：≥20 cm 6. 备注：9 株/m²，初植修剪高度为 0.6 m，成型修剪高度为 1.0 m [工程内容] 1. 起挖 2. 运输 3. 栽植	株	3 427	22.28	76 353.56	
12	050102002006	栽植灌木	[项目特征] 1. 种类：红王子锦带 2. 主枝数：≥5 3. 高度：≥0.8 m 4. 蓬径：≥0.4 m 5. 土球：≥20 cm 6. 备注：16 株/m²，初植修剪高度为 0.4 m，成型修剪高度为 0.8 m [工程内容] 1. 起挖 2. 运输 3. 栽植	株	2 784	22.28	62 027.52	
			本页小计				194 251.60	

注：为计取规费等的使用，可在表中增设其中："定额人工费"

表 3-83　分部分项工程和单价措施项目清单与计价表-4

工程名称：某小区绿化工程　　　　　　标段：　　　　　　第　　页　共　　页

序号	项目编码	项目名称	项目特征描述	计量单位	工程量	金额/元		
						综合单价	合价	其中暂估价
13	050102002007	栽植灌木	[项目特征] 1. 种类：紫穗槐 2. 主枝数：≥5 3. 高度：≥1.2 m 4. 蓬径：≥0.3 m 5. 土球：≥20 cm 6. 备注：9 株/m²，初植修剪高度为 0.6 m，成型修剪高度为 1.0 m [工程内容] 1. 起挖 2. 运输 3. 栽植	株	4 736	11.28	53 422.08	

续表 3-83

序号	项目编码	项目名称	项目特征描述	计量单位	工程量	金额/元		
						综合单价	合价	其中暂估价
14	050102002008	栽植灌木	[项目特征] 1. 种类：密枝红叶李 2. 主枝数：≥3 3. 高度：≥0.6 m 4. 蓬径：≥0.3 m 5. 土球：≥20 cm 6. 备注：16 株/m^2，初植修剪高度为 0.5 m，成型修剪高度为 0.6 m [工程内容] 1. 起挖 2. 运输 3. 栽植	株	1 136	19.53	22 186.08	
15	050102002009	栽植灌木	[项目特征] 1. 种类：低接金叶榆 2. 主枝数：≥3 3. 高度：≥0.6 m 4. 蓬径：≥0.3 m 5. 土球：≥20 cm 6. 备注：16 株/m^2，嫁接点≤0.1 m，初植修剪高度为 0.5 m，成型修剪高度为 0.6 m [工程内容] 1. 起挖 2. 运输 3. 栽植	株	5 448	20.08	109 395.84	
16	050102008001	栽植花卉	[项目特征] 1. 花卉种类：千屈菜 2. 主枝（芽）数：≥3 3. 苗龄：两年生 4. 色系：蓝紫 5. 土球直径：≥15 cm 6. 单位面积株数：25 株/m^2 [工程内容] 1. 起挖 2. 运输 3. 栽植	株	5 283	4.07	21 501.81	
			本页小计				206 505.81	

注：为计取规费等的使用，可在表中增设其中："定额人工费"

表 3-84　分部分项工程和单价措施项目清单与计价表-5

工程名称：某小区绿化工程　　　　标段：　　　　第　页 共　页

序号	项目编码	项目名称	项目特征描述	计量单位	工程量	金额/元		
						综合单价	合价	其中暂估价
17	050102008002	栽植花卉	[项目特征] 1. 花卉种类：大花萱草 2. 主枝（芽）数：≥3 3. 苗龄：两年生 4. 色系：黄 5. 土球直径：≥15 cm 6. 单位面积株数：25 株/m^2 [工程内容] 1. 起挖 2. 运输 3. 栽植	株	2 525	3.97	10 024.25	
18	050102008003	栽植花卉	[项目特征] 1. 花卉种类：德国鸢尾 2. 主枝（芽）数：≥3 3. 苗龄：两年生 4. 色系：深紫 5. 土球直径：≥15 cm 6. 单位面积株数：25 株/m^2 [工程内容] 1. 起挖 2. 运输 3. 栽植	株	4 200	4.77	20 034.00	
19	050102008004	栽植花卉	[项目特征] 1. 花卉种类：荷兰菊 2. 主枝（芽）数：≥10 3. 苗龄：两年生 4. 色系：蓝紫 5. 土球直径：≥15 cm 6. 单位面积株数：25 株/m^2 [工程内容] 1. 起挖 2. 运输 3. 栽植	株	3 175	4.37	13 874.75	
20	050102008005	栽植花卉	[项目特征] 1. 花卉种类：大花滨菊 2. 主枝（芽）数：≥3 3. 苗龄：两年生 4. 色系：白 5. 土球直径：≥15 cm 6. 单位面积株数：25 株/m^2 [工程内容] 1. 起挖 2. 运输 3. 栽植	株	3 450	4.07	14 041.50	
			本页小计				57 974.50	

注：为计取规费等的使用，可在表中增设其中："定额人工费"

表 3-85　分部分项工程和单价措施项目清单与计价表-6

工程名称：某小区绿化工程　　　　标段：　　　　第　页　共　页

序号	项目编码	项目名称	项目特征描述	计量单位	工程量	金额/元		
						综合单价	合价	其中暂估价
21	050102013001	喷播植草（灌木）籽	[项目特征] 1. 草（灌木）籽种类：野花组合 2. 单位面积播种种子量：12 g/m² 3. 组合品种要求：金鸡菊、松果菊、蛇鞭菊、大花滨菊、蓝亚麻、天人菊、鼠尾草、波斯菊、桔梗，混合八个品种以上、多年生宿根花卉品种配比占60%以上 [工程内容] 1. 基层处理 2. 坡地细整 3. 喷播 4. 覆盖	m^2	560	44.14	24 718.40	
22	05B001	养护二年	[项目特征] 养护期：二年 [工程内容] 浇水、耕地、施肥（栽植后期施肥）、修剪、除草、割草、翻地、撒药、遮荫	m^2	9 000	7.48	67 320.00	
23	05B002	种植期间施有机肥	[项目特征] 1. 施肥品种：腐熟有机肥 2. 施肥要求：大乔木 5 kg/株，小乔木 3 kg/株，灌木、花卉及地被 6 kg/m² [工程内容] 肥料运输，装、卸车，摊铺，平整	kg	6 000	0.9	5 400.00	
		分部小计					980 440.17	
		措施项目						
1	050403002001	草绳绕树干	[项目特征] 1. 胸径(干径):10 cm 以内 2. 草绳所绕树干高度：1 m [工程内容] 1. 搬运 2. 绕树干 3. 余料清理 4. 养护期后清除	株	188	11.5	2 162.00	
			本页小计				99 600.40	

注：为计取规费等的使用，可在表中增设其中："定额人工费"

表 3-86　分部分项工程和单价措施项目清单与计价表-7

工程名称：某小区绿化工程　　　　标段：　　　　第 7 页　共 7 页

序号	项目编码	项目名称	项目特征描述	计量单位	工程量	金额/元		
						综合单价	合价	其中暂估价
2	050403001001	树木支撑架	[项目特征] 1. 支撑类型、材质：三脚桩 2. 支撑材料规格：50 cm×50 cm 方木条 3. 树木支架要求：设计要求≥5 cm 的乔木采用三脚桩固定 [工程内容] 1. 制作 2. 运输 3. 安装 4. 维护	株	188	25.08	4 715.04	
		分部小计					6 877.04	
			本页小计				4 715.04	
			合计				987 317.21	

注：为计取规费等的使用，可在表中增设“定额人工费”

某小区绿化工程承包商中标工程量清单（总价措施项目清单与计价表）如表 3-87 所示。

表 3-87　总价措施项目清单与计价表

工程名称：某小区绿化工程　　　　标段：　　　　第 1 页　共 1 页

序号	项目编码	项目名称	计算基础	费率/%	金额/元	调整费率/%	调整后金额/元	备注
1	050405001001	安全文明施工			258.58			
2	1	其中：环境保护费、文明施工费、安全防护费	分部分项人工费＋可计量措施人工费	0.1	258.58			
3	2	其中：临时设施费						
4	050405002001	夜间施工		0				
5	050405003001	非夜间施工照明		0				
6	050405004001	二次搬运	分部分项人工费＋可计量措施人工费	0				

续表 3-87

序号	项目编码	项目名称	计算基础	费率/%	金额/元	调整费率/%	调整后金额/元	备注
7	050405005001	冬雨季施工	分部分项人工费+可计量措施人工费	0				
8	050405006001	反季节栽植影响措施		0				
9	050405007001	地上、地下设施、建筑物的临时保护设施		0				
10	050405008001	已完工程及设备保护	分部分项人工费+可计量措施人工费	0				
11	05B003	工程定位复测、点交、清理费						
12	05B004	检验试验费						
13	05B005	施工因素增加费						
		合计			258.58			

编制人（造价人员）： 复核人（造价工程师）：

注：1. “计算基础”中安全文明施工费可为“定额基价”“定额人工费”或“定额人工费+定额机械费”，其他项目可为“定额人工费”或“定额人工费+定额机械费”

2. 按施工方案计算的措施费，若无“计算基础”和“费率”的数值，也可只填“金额”数值，但应在备注栏说明施工方案出处或计算方法

某小区绿化工程承包商中标工程量清单（其他项目清单与计划汇总表）如表 3-88 所示。

表 3-88 其他项目清单与计价汇总表

工程名称：某小区绿化工程 标段： 第 1 页 共 1 页

序号	项目名称	金额/元	结算金额/元	备注
1	暂列金额	120 000.00		
2	暂估价			
2.1	材料暂估价	—		
2.2	专业工程暂估价			
3	计日工			
4	总承包服务费			
	合计	120 000.00	—	

注：材料（工程设备）暂估单价进入清单项目综合单价，此处不汇总

某小区绿化工程承包商中标工程量清单（暂列金额明细表）如表 3-89 所示。

表 3-89　暂列金额明细表

工程名称：某小区绿化工程　　　　标段：　　　　第 1 页　共 1 页

序号	项目名称	计量单位	暂定金额/元	备注
1	暂列金	元	120 000.00	
	合计		120 000.00	—

注：此表由招标人填写，如不能详列，也可只列暂列金额总额，投标人应将上述暂列金额计入投标总价中

某小区绿化工程承包商中标工程量清单（规费、税金项目计价表）如表 3-90 所示。

表 3-90　规费、税金项目计价表

工程名称：某小区绿化工程　　　　标段：　　　　第 1 页　共 1 页

序号	项目名称	计算基础	计算基数	计算费率/%	金额/元
1	规费	工程排污费＋社会保险费＋住房公积金	50 190.69		50 190.69
1.1	工程排污费	分部分项人工费＋可计量措施人工费	258 581.58	0.19	491.31
1.2	社会保险费	养老保险费＋失业保险费＋医疗保险费＋生育保险费＋工伤保险费	42 614.24		42 614.24
1.2.1	养老保险费	分部分项人工费＋可计量措施人工费	258 581.58	11.02	28 495.69
1.2.2	失业保险费	分部分项人工费＋可计量措施人工费	258 581.58	1.11	2 870.26
1.2.3	医疗保险费	分部分项人工费＋可计量措施人工费	258 581.58	3.56	9 205.50
1.2.4	生育保险费	分部分项人工费＋可计量措施人工费	258 581.58	0.37	956.75
1.2.5	工伤保险费	分部分项人工费＋可计量措施人工费	258 581.58	0.42	1 086.04
1.3	住房公积金	分部分项人工费＋可计量措施人工费	258 581.58	2.74	7 085.14
2	增值税销项税额	分部分项工程费＋措施工程费＋其他项目费＋规费	1 157 766.48	11	127 354.31
		合计			177 545.00

编制人（造价人员）：　　　　复核人（造价工程师）：

工程按合同约定如期竣工，经监理工程师签字认可的清单工程量见表 3-91，施工过程中经甲方要求承包商移植现场苗木，签证价款经监理工程师和业主委托的第三方造价咨询机构审核后的金额为 34 500 元。

表 3-91　某小区绿化工程实际完成工程量统计表

工程名称:某小区绿化工程

序号	项目编码	项目名称	规格	计量单位	中标清单工程量	金额/元 综合单价	金额/元 合价	实际完成工程量表 计算式	实际完成工程量表 工程量
1	050101010001	整理绿化用地		m^2	9 000	5.55	49 950.00		9 500
2	050101009002	种植土回(换)填		m^3	4 500	36.82	165 690	9 500×0.5	4 750
3	050102001003	小叶白蜡	胸径:≥8 cm	株	55	1 448.47	79 665.85		55
4	050102001004	山桃	胸径:≥6 cm	株	32	811.07	25 954.24		32
5	050102001005	紫叶稠李	胸径:≥6 cm	株	55	928.07	51 043.85		55
6	050102001006	红叶海棠	胸径:≥6 cm	株	46	928.07	42 691.22		46
7	050102002001	黄刺玫	蓬径:≥1.2 m	株	35	62.26	2 179.10		35
8	050102002002	榆树球	蓬径:≥0.8 m	株	40	101.26	4 050.40		40
9	050102002003	欧荚蒾	蓬径:≥1.2 m	株	20	152.26	3 045.20		20
10	050102002004	红瑞木	蓬径:≥0.4 m	株	2 402	23.26	55 870.52		2 402
11	050102002005	重瓣榆叶梅	蓬径:≥0.4 m	株	3 427	22.28	76 353.56		3 427
12	050102002006	红王子锦带	蓬径:≥0.4 m	株	2 784	22.28	62 027.52		2 784
13	050102002007	紫穗槐	蓬径:≥0.3 m	株	4 736	11.28	53 422.08		4 736
14	050102002008	密枝红叶李	蓬径:≥0.3 m	株	1 136	19.53	22 186.08		1 136
15	050102002009	低接金叶榆	蓬径:≥0.3 m	株	5 448	20.08	109 395.84		5 448
16	050102008001	千屈菜		株	5 283	4.07	21 501.81		5 283
17	050102008002	大花萱草		株	2 525	3.97	10 024.25		2 525
18	050102008003	德国鸢尾		株	4 200	4.77	20 034.00		4 200
19	050102008004	荷兰菊		株	3 175	4.37	13 874.75		3 175
20	050102008005	大花滨菊		株	3 450	4.07	14 041.50		3 450
21	050102013001	喷播植草		m^2	560	44.14	24 718.40		560
22	05B001	养护二年		m^2	9 000	7.48	67 320.00		9 500
23	05B002	种植期间施有机肥		kg	6 000	0.90	5 400.00	188×5＋2 028×1＋19 193/25×3	5 271.16
24	050403002001	草绳绕树干		株	188	11.50	2 162.00		188
25	050403001001	树木支撑架		株	188	25.08	4 715.04		188
		合计					987 317.21		

根据上表中实际完成工程量统计，套用承包商中标工程量清单单价，该承包商结算价款中分部分项工程费用为995 504.21元，措施项目费为7 143元，规费为51 623.78元，税金115 969.81元，现场发生苗木移植签证款34 500元，该工程实际结算造价1 204 740.8元。

注：暂列金额按清单计价要求发生计取，不发生不计取。本项目发生变更签证款34 500元，即暂列金部分可计取结算款34 500元。

【学徒任务】

某园林工程合同价款总额为1 200万元，施工合同规定预付备料款为合同价款的25%，主要材料为工程价款的62.5%，在每月工程款中扣留5%保修金，每月实际完成工作量如表3-92所示，求预付备料款、每月结算工程款。

表3-92　每月结算工程款　　单位：万元

月份	一月	二月	三月	四月	五月	六月
完成产值	20	50	70	75	160	125
当月应付工程款	20	50	70	75	160	125
累计完成的产值	20	70	140	215	375	500

序号	结果	计算式
1	预付备料款	
2	起扣点	
3	竣工结算款	
自评		
企业评价		

记录在学徒岗工作过程中遇到的绿化工程工程量的计算过程，不够可加页

附　录

Appendix

Appendix
Appendix
Appendix

附录一

园林工程建设项目的程序及费用

一、园林工程建设程序

建设程序，是指一个建设项目从酝酿提出到该项目建成或投入使用的全过程中，各阶段建设活动的先后顺序和相互关系的法则。该法则是人们在总结自然规律和经济规律的基础上制定的，它反映了进行工程项目建设中各有关经济组织之间一环扣一环的密切联系，从客观上要求工程建设项目必须采用经济的、法律的办法来科学管理，是对建设项目权衡决策和使建设项目顺利进行的重要保证。

目前，我国建设项目的程序，一般可概括为建设前期、施工准备、施工、竣工验收等阶段，每一阶段中，又包含若干环节和不同的工作内容。工程建设程序包括建设项目从设想、选择、评估、决策、设计、施工到竣工验收、投入使用、发挥效益的全过程。

园林建设项目的实施一般程序包括：前期工作阶段（提出项目建议书、进行可行性研究、编制设计任务书、编制设计文件、工程招投标签订合同）、施工阶段（进行施工准备、生产准备全面施工）、竣工验收阶段（竣工验收、交付使用、工程项目的后期评价）。

（一）园林建设前期工作阶段

园林建设前期工作阶段一般包括项目建议书、可行性研究、立项、设计 4 个阶段。

1. 项目建议书

根据地区规划或发展需要，提出项目建议书。项目建议书是建设某一具体园林项目的建议文件。编制项目建议书是建设程序中最初阶段的工作，是投资决策前对拟建设项目的轮廓设想，主要作用是对拟建项目进行初步说明，论述建设的必要性、条件的可行性和获益的可能性，供基本建设管理部门选择并确定是否进行下一步的工作。在此阶段，对投资额（或资源投入）进行估量是非常重要的，一般要做估算，包括对各种资源投入的估量和对投资或建设、管理费用的估算等。在园林项目建议书中一般包含：

(1)项目建设的必要性和依据。

(2)拟建项目的规模、区位、自然资源、人文资源等的现状、条件。

(3)投资估算及资金筹措来源。

(4)社会效益、经济效益、生态环境效益、景观效益、游憩效益等的估量。

(5)建设时间、进度设想。

2. 可行性研究

项目建议书一经批准,即可着手进行可行性研究,在踏勘、现场调研的基础上,提出可行性研究报告。可行性研究是运用多种科研成果,在建设项目投资决策前进行技术经济论证,以保证实现最佳经济效益的一门综合学科,是园林基本建设程序的关键环节。可行性研究报告的基本内容为:

(1)项目建设的目的、性质、提出的背景和依据。

(2)建设项目的规模、市场预测的依据。

(3)项目建设地点、位置及自然资源、人文资源等的现状分析。

(4)项目内容,包括面积、拟建设施或项目工程质量标准、单项造价、总造价等。

(5)项目建设进度和工期估计。

(6)投资估算和资金筹措方式,如国家投资、合资、自筹资金等。

(7)效益评估,包括对社会效益、经济效益、生态环境效益、景观效益、游憩效益等的论证、评价。

3. 立项

有关部门进行项目立项。

4. 设计

园林设计是对拟建工程项目在技术、艺术、经济等方面所进行的全面详尽的安排。其具体实施包括:

(1)由建设主持人(单位)进行设计招标或进行设计委托。

(2)由受委托或设计中标单位,依据项目批复、可行性研究报告,对确定建园区位、项目等分步骤进行勘查、总体规划、初步设计及工程总概算;初步设计审批;有必要时进行技术设计或详细设计、修正工程总概算;施工图设计、编制工程“项目清单”或施工图预算等。最终提交出全部的设计文件,进行审批。

(二)园林建设施工准备阶段

园林绿化建设施工一般有自行施工、委托承包单位施工、群众性义务植树绿化施工等。项目开工前,要切实做好施工组织设计等各项准备工作。其主要内容为:

(1)施工许可办理。

(2)征地、拆迁。清理场地、临时供电、临时供水、临时用施工道路、工地排水等。

(3)施工招投标或进行施工委托。精心选定施工单位,签订施工承包合同。施工承包合同的主要内容为：

①所承包的施工任务和工程完成的时间。

②合同双方在保证完成任务的前提下所承担的义务和权利。

③项目工程款的数量及支付方式、时间期限等。

④对合同未尽事宜和争议问题的处理原则。

(4)施工企业编制“施工组织设计”及“工程预算”。

(5)参加施工企业与甲方合作，依据计划进行各方面的准备，包括人员、材料、苗木、设施设备、机械、工具、现场(临建、临设……)、资金等的准备。

(三)建设实施阶段(施工阶段)

施工企业根据设计要求，依照施工计划组织施工。努力做到按时、按质、按量地完成施工项目内容。

开工后工程管理人员应与技术人员密切配合，充分调动各方面的积极因素做好工程管理、质量管理、安全生产管理、成本管理、劳务管理、材料管理等工作。

(四)技术维护、养护管理

现行园林建设工程，通常在施工竣工后需要对施工项目实施技术维护、养护一年至数年。项目维护、养护期间的费用执行园林养护管理预算。

(五)竣工验收阶段

竣工验收是园林建设工程的最后环节，是全面考核园林建设成果、检验设计和工程质量的重要步骤，一般也是园林建设转入对外开放使用的标志。

现行的园林建设管理，有些项目须随工程进度分步检验并在项目施工完成时进行单项工程、分部工程、分项工程验收。而单项工程验收，目前多实行待“养护期满”方才进行。

1. 竣工验收的范围

根据国家现行规定，所有建设项目按照批准的设计文件所规定的内容和施工图纸的要求全部建成。

2. 竣工验收的准备工作

竣工验收的准备工作主要有按归档要求整理技术资料；绘制竣工图纸、表格；编制竣工决算；编写工程总结等。

3. 组织项目验收

工程项目全部完工后，经过单位验收符合设计要求，并具备必要的文件资料，由项目主持单位向负责验收单位提出验收申请报告。由验收单位组织相应人员进行审查、评价、验收。对施工技术文件资料不齐、不符合规定及不合格的工程不予验收。对工程的遗留问题提出具体意见并限期完善。

（六）项目后评价阶段

建设项目的后评价是工程项目竣工并使用一段时间后，对立项决策、设计施工、竣工等进行系统评价的一种技术经济活动，是固定资产投资管理的一项重要内容。通过项目评价总结经验、研究问题、肯定成绩、改进工作，不断提高决策水平。

目前，我国开展的建设项目后评价一般按3个层次组织实施，即项目单位的自我评价、行业评价、主要投资方或各级计划部门评价。园林工程建设项目后评价一般由建设主管部门组织有关专家进行，包括对设计、施工的评价。游人的反馈意见也是评价的重要依据。

二、园林工程概预决算的类型及作用

根据具体应用及编制依据不同，园林工程概预算通常可分为估算、概算、预算、决算等。下面是具体的6个类型。

（一）园林建设项目立项估算

估算用于项目可行性研究，具体作用有：

(1)用于园林建设项目机会研究及初步可行性研究中投资额估计，即对园林建设投资额进行比较粗略的估计，其估算投资误差范围在±20%。

(2)用于可行性研究中投资和建设成本估计，即用于对园林建设项目进行初步的技术经济评价，其估算投资误差在±10%。

（二）园林建设项目设计概算

概算是用于初步设计和技术设计（或详细设计）的技术经济评价的投资计算。内容包括从筹建到竣工验收过程中发生的全部费用。由设计单位编制，是设计说明文件的重要组成内容之一，通常具有以下作用。

(1)用于编制园林建设工程计划：作为编制园林建设工程计划的依据。

(2)用于控制园林工程建设投资：是控制园林工程建设投资的依据。

(3)用于比较园林设计方案：是设计单位对设计方案进行技术分析比较的基本工作内容；是考核园林建设方案投入成本的依据。

（三）园林建设项目施工设计预算

施工设计预算又称施工图预算，由设计单位、建设人（或委托有资质单位）、施工单位（或投标单位）等依据施工图、施工组织设计编制。

(1)用作确定园林工程造价：是确定园林工程造价的依据。

(2)用作工程招标、投标：是招投标文件中重要的内容；是办理工程招标、投标、签订施工合同的主要依据。

(3)用作竣工结算：是竣工结算的依据。

(4)用作拨付工程款或贷款:是拨付工程款或贷款的依据。

(5)用作施工企业考核施工成本:是施工企业组织生产、编制计划、统计工作量和制定实物量、消耗量指标的主要参考文件;是施工企业对施工方案进行技术经济比较、考核施工成本的依据。

(四)园林施工企业的施工预算

施工预算由施工单位编制、用于内部管理。

(1)园林施工企业施工预算是施工企业编制施工作业计划的依据。

(2)园林施工企业施工预算是施工企业签发任务单、限额领料的依据。

(3)园林施工企业施工预算是开展定额经济管理、实行按劳分配的依据。

(4)园林施工企业施工预算是劳动力、材料、机械等调度管理的依据。

(5)园林施工企业施工预算是施工企业开展经济活动分析、进行施工预算与施工图预算比较的依据。

(五)后期养护管理预算

后期养护管理预算是依据园林绿化养护管理定额,对养护期内的相关养护项目所需费用支出进行预算而编制的施工后期管理用的预算文件。

(六)竣工决算

竣工决算分为施工单位竣工决算和建设单位竣工决算。其主要作用是:用以核定新增固定资产价值,办理交付使用;考核建设成本,分析投资效果;总结经验,积累资料,促进深化改革,提高投资效果。

(1)施工单位内部的单位工程竣工决算,是由施工企业财会部门编制的,以单位工程为对象、以单位工程竣工结算为依据,核算一个单位工程成本的文件。它主要是对单位工程的预算成本、实际成本和成本降低或增加额进行核算,因此,又称为单位竣工成本决算。

(2)建设单位竣工决算是在新建、改建、扩建工程建设项目竣工验收移交后,由建设单位组织有关部门,以竣工结算等资料为基础编制的整个建设项目从筹建到竣工的建设费用文件。一般包括建筑工程费用,安装工程费用,设备、工器具购置费用和其他费用等建设单位财务支出情况。

设计概算、施工图预算、竣工决算简称“三算”。它们之间的关系是:概算价值不能超出计划任务书的投资估算金额,施工图预算和竣工决算不得超过概算价值。三者都有独立的功能,在工程建设的不同阶段发挥各自的作用。

三、园林工程预算在招投标中的作用

(一)在招标中的作用

园林工程预算在招标的过程中主要用于详细核算工程的各种成本支出,最终起到控制招标价格的作用。从根本上来看，控制招标预算水平反应了园林工程建设的基本要求，也是由市场进行工程价格调节的重要体现。招标预算控制价格也是工程预期价值，可以反映出园林工程的资金使用额度。有效地控制招标预算价格，科学地进行招标预算价格编制，可以实现对园林工程项目的科学预测，做到对园林工程价格变动因素的充分掌握，对园林工程的成本进行充分预估，为后续工程的顺利实施打下基础。招标预算是平衡招投标报价的尺度，超出基准报价范围的报价将作为废标处理，评标时将不予考虑。我国政府主导的地方园林工程项目实施的投资概算审批制度，主要围绕着招标预算报价进行报价审批，因此，招标预算水平直接影响园林工程企业是否能够中标。

（二）在投标中的作用

园林工程预算直接影响园林工程企业在工程投标时报价，是施工单位参与园林工程项目竞争的重要依据。只有结合园林工程的具体设计方案和施工能力给出合理报价才能赢得竞争。园林工程预算编制水平直接反映投标企业的实际情况和技术实力。园林工程投标预算建立在科学的工程计量水平、有效的投资估算、精准的施工图概算等因素基础之上，能够反映出投标企业对工程价格动态管理水平，如果施工单位的报价过高或者超出项目招标预算控制价格将会失去竞标资格。

四、园林建设项目费用的构成

园林工程无论是设计概算还是施工图预算，根据国家有关文件，预算费用由直接费、间接费、利润和税金 4 部分组成。其中直接费由定额直接费、其他直接费和现场经费 3 部分组成；间接费由企业管理费、财务费和其他费用组成；税金由营业税、城市维护建设费和地方教育附加费组成(附表 1-1)。

（一）直接费

直接费是指直接消耗于园林工程产品的各项费用的总和。依据施工图和定额项目算出定额直接费，再以此为基数计算其他直接费和现场经费。

1. 定额直接费

定额直接费是直接形成工程实体和有助于工程形成的各项费用的总和，包括人工费、材料费和机械费用。这部分费用可通过查定额手册算出。

(1)人工费　指直接从事园林工程施工的生产工人和附属辅助生产工人开支的各项费用。一般包括基本工资、工资性补贴、生产工人辅助工资、职工福利费、生产工人劳动保护费。在以定额人工费为基础计算工程费用时，定额人工费是按定额直接费口径计算的人工费之和。

附表 1-1　园林建设费用构成

直接费	定额直接费	人工费	
		材料费	
		机械费	
	其他直接费	施工组织措施费	环境保护费
			文明施工费
			安全施工费
			临时设施费
			夜间施工增加费
			二次搬运费
			冬雨季施工增加费
			停水停电增加费
			赶工措施费
		施工技术措施费	大型机械进出场及安拆费
			混凝土、钢筋混凝土模板及支架费
			脚手架费用
			已完工程及设备保护费
			施工排水、降水费
间接费	现场经费	工程排污费	
		养老保险费	
		失业保险费	
		医疗保险费	
		工伤保险费	
		生育保险费	
		住房公积金	
		危险作业意外伤害险	
	财务费 其他费	管理人员工资	
		办公费	
		差旅交通费	
		固定资产使用费	
		工具用具使用费	
		工会经费	
		职工教育经费	
		财产保险费	
		财务费	
		税金	
		其他	
利润			
税金	营业税		
	城市建设维护税		
	地方教育附加费		

（2）材料费　指施工过程中耗用的构成工程实体的原材料、辅助材料、构配件、零件、半成品的费用和周转性材料的摊销费。一般包括材料原价，销售部门手续费，包装费，运至仓库或堆放地点的装卸、运输费及途中损耗、采购及保管费。定额中的材料费在执行中可进行材料价差的单项和综合调整。

（3）机械费　指使用施工机械作业所发生的机械使用费及机械安拆和进出场费用。一般包括第一类费用和第二类费用。第一类费用：机械折旧费，大修理费，维修费，润滑材料费及擦拭材料费，安装、拆卸及辅助设施费，机械进出场费等。第二类费用：机上工人的人工费、动力和燃料费、公路养路费、牌照费及保险费等。

2. 其他直接费

其他直接费指定额直接费以外施工过程中发生的其他费用。其内容包括：

（1）冬雨季施工增加费　冬雨季施工采取的防雨、防滑、排水、保温及其他为保证工程质量所采取的措施费和人工降效。

（2）二次搬运费　因施工场地狭小等因素，材料、构配件、成品、半成品不能直接运至施工组织设计所确定的就位堆放地点所发生的二次搬运费。

（3）生产工具用具使用费　生产中使用的手工工具和施工中各种消耗性工具的使用费及工具补贴。

（4）材料、构件等检验试验费　对材料、构件等进行一般鉴定、检查所发生的费用（包括自设试验室进行试验所消耗的材料和化学药品费用等）及技术革新和研究试验费。不包括新结构、新材料的试验费和建设单位要求对有出厂合格证明的材料进行试验、对构件破坏性试验及其他特殊要求检验试验的费用。

（5）特殊地区施工增加费　包括工程上山费、高台增加费、繁华地段交叉施工增加费。

其他直接费还包括成品保护费、仪器仪表使用费、工程定位复测、点交及竣工清理费、特殊工程培训费。其他直接费的费用可以以定额直接费为基数乘以一定的费率，也可以以定额人工费为基数，乘以一定的费率。这部分费用为可变费用，费率可参照各地区的定额手册中的数值，也可根据工程项目和企业的情况自定。

3. 现场经费

现场经费包括临时设施费和现场管理费。

（1）临时设施费　临时设施费指园林企业为进行园林工程施工所必需的生活和生产用临时设施和半永久设施的费用。临时设施包括临时宿舍、文化福利公用事业用房、构筑物、仓库、办公室、加工厂及规定范围内的现场施工道路、水、电管线等临时设施和小型临时设施等。其费用一般包括临时设施的搭设、维修、摊销、拆除的费用及按规定缴纳的临时用地费、临时建设工程费等。

临时设施费一般以定额直接费或定额人工费为基数乘以费率计取，这部分费用也是可变费用，也可根据工程项目和企业的情况自定。

(2) 现场管理费　指现场组织施工过程中发生的费用。一般包括现场管理人员的基本工资、工资性津贴、职工福利费、劳动保护费等费用及现场办公费、差旅交通费、固定资产使用费、工具用具使用费、保险费、工程保修费、工程排污费、其他费用。

固定资产使用费指现场管理及试验部门使用属于固定资产的设备、仪器等的折旧、大修理、维修等的费用或租赁费。

工具用具使用费指现场管理使用的不属于固定资产的工具、器具、家具、交通工具和检验、试验、测绘、消防用具等的购置、维修和摊销费。

保险费指施工管理用财产、车辆保险、特殊工种安全保险。

工程保修费指工程竣工交付使用后在规定保修期内的修理费用。

工程排污费指施工现场按规定缴纳的排污费用。

现场管理费和临时设施费一样，一般以定额直接费或定额人工费为基数乘以费率计取，也是可变费用，投标时可根据工程项目和企业的情况自定。

（二） 其他各项费用

1. 间接费

间接费指企业为经营管理和组织施工及间接用于园林工程服务的各项费用的总和。由企业管理费、财务费和其他费用组成。

(1) 企业管理费　指企业为经营管理和组织施工所发生的管理费，一般包括管理人员的人工费，企业办公费，差旅交通费，固定资产折旧、修理费，工具用具使用费，工会经费，职工教育经费，劳动保险费，职工养老保险及失业保险费，企业财产车辆等保险费，税金及其他费用。

(2) 财务费　指企业为筹集资金而发生的各项费用，包括企业经营期间发生的短期贷款利息净支出、汇兑净损失、金融机构手续费及企业筹集资金发生的其他财务费用。

(3) 其他费　指按规定支付造价管理部门的定额编制管理费和定额测定费及按权力行政部门规定应支付的上级管理费。

间接费可以是以直接费或定额人工费为基数乘以费率计取。间接费可根据工程项目和企业的情况自定。

2. 利润

利润指按规定应计入园林工程造价的利润。利润率为竞争性数值，编制施工图预算时可按规定的利润率计入造价，投标时可根据企业情况自定。

利润一般以直接费和间接费的和为基数乘以利润率计取，也可以是以定额人工费为基数乘以相应费率计取。

3. 税金

税金指按国家规定计入园林工程造价的各项税费的总和。一般包括以营业额为基础的营业税、以营业税为基础的城市建设维护费和地方教育附加费。

一般税金以直接费、间接费、利润的总和为基数，乘以税率计取，也可以是以定额人工费为基数乘以相应费率计取。

附录二

园林工程预算员学徒岗位标准

试点专业名称	园林工程技术
学徒岗位名称	园林工程预算员
岗位工作描述	能够进行园林工程中园林种植施工图的识别，进行园林工程项目的划分，准确计算工程量，正确使用定额，能够参与投标工作，编制经济标，跟进工程进度，核算人、材、机，利用造价软件编制工程造价表。培养学生具备较强的园林工程预算方面职业能力、关键技术实践能力和良好的职业道德。
工作场所与使用工具	园林工程工地、各种园林工程公司，主要使用施工图、办公软件、造价软件、企业定额或地区单位估价表、图集、施工规范、计价规则等。
职业安全与规章制度	为了加强安全生产管理、规范安全生产，根据《安全生产法》和有关法律、行政法规的规定，及安监局、技术监督局等的通知要求，由学徒企业的办公室、安全科、生产部、技术部等组织定期培训，对学徒岗位员工的操作规范、工艺流程进行定期安全教育培训，并定期组织安全消防教育培训，确保提高员工安全生产意识与素质。并将相关要求融入到具体学习内容，贯穿学徒岗学习全过程。 种植施工养护岗需要遵守的相关法律法规 《城市规划法》《建筑法》《税收法》《招投标法》《合同法》《价格法》《市政基础设施工程施工技术文件管理规定》《市政工程质量等级评定规定》《市政工程质量等级评定补充规定》《建设工程监理规范》《建设工程文件归档整理规范》《中华人民共和国政府采购法》《安全生产法》《建设工程质量管理条例》《建设工程安全生产管理条例》《城市绿化工程施工及验收规范》《城市绿化植树工程施工规范》《园林栽植土质量标准》《行道树栽植技术规程》《园林植物养护技术规程》及需要遵守的职业规范与规章制度。 **第一条　园林工程预算员岗学徒基本守则** 热爱行业，服务社会；尊重他人，诚实守信；遵守制度，安全施工，用心做事，追求卓越；不断进步，完善自我；团结合作，坚持原则；爱护公司财物，提倡勤俭节约；严守岗位资料机密；保持环境卫生，注意个人仪表。 **第二条　种植施工养护岗学徒企业实习阶段工作风纪** 1. 鼓励学徒间、员工间、员工与客户间积极沟通交流，但不能因此妨碍工作。因此，办公期间应该坚守岗位，不要随意窜岗聊天。需要暂时离开时，应知会领导或师傅。

续表

<table>
<tr><td rowspan="1">职业安全与规章制度</td><td>2. 办公室是公司办公场所，有公司重要的财物和信息资料。所有来访的客人必须由邀请人陪同才可进入；接待来访、业务洽谈应在洽谈室或会议室进行。
3. 不得浪费、损坏公司公物，或将公司公物占为己有消费使用，一经发现给予警告、罚款。
4. 学徒在企业实习期间外出公务或出差必须乘坐公司指定交通工具，按规定标准住宿，并及时报班主任和实习指导教师。不得乘坐如摩托车、三轮车等非客运机动车。
第三条　园林工程预算员学徒岗职业安全
1. 业务安全
(1)务必保管好本人持有的公司涉密文件。
(2)未经授权或批准，不得对外提供有密级的公司文件或其他未公开的经营状况、财务数据等。
(3)对非本人职权范围内的公司机密，应做到不打听、不猜测、不传播。
(4)发现有可能涉密的现象应立即向有关上级报告。
(5)学徒在实习期间不得将单位的任何保密资料进行转存携带。
(6)学徒在实习期间不得私自将实习单位的内部资料以任何方式透露给他人。
2. 政治安全
(1)不得在网上散布各种不利于祖国和民族团结的言论、图片和音像视频。
(2)不得从学徒实习单位周边市场(巴扎)购买含有非法音像制品及纸质非法书籍资料。
(3)不得购买管制刀具、危爆物品等，不得在实习单位提供的住处藏匿非法音频视频及管制刀具、危爆物品等。
(4)不得在单位的实习工作场所、住宿场所、就餐场所等其他场所从事做礼拜等宗教活动。
(5)不得到实习单位周边清真寺去从事做礼拜等宗教活动。
(6)不得购买穿戴含有宗教标识的衣服、帽子等物品，不得购买贮藏含有宗教标识的纪念品等。
3. 自身安全
(1)学徒学生在校或在企业实习期间不论有无驾照均不允许驾驶机动车辆。
(2)上下班(课)期间严格遵守交通规则，避免发生人身意外。
(3)在施工场地戴好防护用具，注意个人及他人安全。
(4)天黑后不单独外出。坚决杜绝夜不归宿，有一次夜不归宿立刻终止学徒学习阶段，并按照学院管理规定处理。
(5)学徒学生在单位实习期间做好水、电、暖安全，上班前、睡觉前检查水电，确保安全。
(6)做好防火工作，不使用大功率用电器。
第四条　种植施工养护岗学徒的工作与学习制度
1. 企业学徒学生在企业指导教师指导下直接上岗从事公司职业岗位工作。岗位工作等同于企业员工，顶岗实习学生不得提出特殊要求。
(1)企业学徒学生工作期间必须服从部门管理人员、班组长工作安排，严格按照技术规范要求开展职业岗位工作。对工作中不清楚的技术问题，要勤学、勤问、勤练，掌握后再上岗操作，保证工作质量，提高技术水平。
(2)遵守劳动纪律，反复操作训练，精确操作，提高劳动效率，高效高质量完成岗位工作。</td></tr>
</table>

续表

职业安全与规章制度	(3)企业学徒学生有权拒绝与职业岗位无关工作，并积极主动与指导教师、上级领导反映、沟通。 2. 实习期间，学生采用边工作边学习的工作导向教学与学习方法，学生在已有知识技能的基础上，主要采用以下学习方法。 (1)作为学徒，在企业指导教师指导下，通过反复工作训练，掌握职业岗位操作(原为"职业")技能。学生要多与企业指导教师交流沟通、请教业务技术，注重学习指导教师分析问题、解决处理问题的思维方式，工作经验，公司人际关系等方面的知识。 (2)充分利用公司业务技术培训的机会，学习业务技术。 (3)利用业余时间，自学学院提供的技术指导手册、企业技术资料。根据生产中问题，通过各种信息渠道参阅学习相关知识、技术。 (4)在学习、训练掌握职业岗位业务技术的同时，善于调研分析岗位业务技术，以及工作中存在的问题，通过研究，能够改进技术或管理程序、提高工作效率。 3. 学生必须服从学校实习的统一安排，个人不得擅自调换企业和岗位。如确有问题须向学校指导教师提出申请，经批准后方可调换，否则以实习成绩不及格处理。			
职业道德与素质要求	吃苦耐劳、工作认真负责、时间观念强、耐心细致、科学严谨，遵守公司和实验室的规章制度，具有质量第一的职业态度和强烈的事业心。			
行业企业职业行为规范	遵守企业的规章制度，时间观念强，爱护公司财务，提倡勤俭节约；严守岗位资料机密；保持环境卫生，注意个人仪表；爱岗敬业；团结同事。			
对应执业资格	绿化工、施工员、建造师、造价工程师			
岗位工作任务(或项目)	工作过程与技术、质量要求	专业知识要求	技术技能要求	综合职业能力要求
核对工程量清单	了解工作任务—识读施工图—划分工程项目—计算工程量—与工程量清单做对比	熟读招标文件，了解工程概况、工期、工程质量要求等，识读施工图，划分工程项目，计算工程量，与工程量清单做对比，发现问题及时上报主管领导，参与招标人组织的踏勘会和答疑会，认真对待招标文件的补充文件	能根据施工现场及施工组织设计，识读施工图，具备人员、工具核算和组织能力	1. 识读施工图、划分工程项目、计算工程量，与公司同事有效交流 2. 具有吃苦耐劳、开拓创新，团结协作等职业能力 3. 具备信息采集、分析问题、解决问题、举一反三、学习迁移的能力素质

续表

岗位工作任务（或项目）	工作过程与技术、质量要求	专业知识要求	技术技能要求	综合职业能力要求
编制经济标	了解工作任务—套用定额—计算人、材、机—利用相关取费标准、费率计算间接费、利润、税金等—编制清单报价书—检查核对—装订成册	熟悉定额，能正确使用定额，在企业师傅指导下利用造价软件，识图、熟悉预算定额、施工管理费及各项取费定额、材料预算价、预算调差文件、地方预算有关的文件	能根据定额、施工管理费及各项取费定额、材料预算价、预算调差文件、地方预算有关的文件，利用造价软件编制经济标	1. 熟悉园林劳动定额及劳动力市场，与公司同事有效交流 2. 具有吃苦耐劳、开拓创新，团结协作等职业能力 3. 具备使用软件，细心认真的职业素质 4. 在园林企业师傅的指引下掌握经济标编制方法、步骤和要领
施工现场跟进，施工管理预算	了解园林花木特点及土壤和气候—开展种植施工养护—填写养护日志	施工组织设计、方案、措施等，项目施工图纸、变更文件、技术交底、图纸会审、经济签证等，根据施工进度，计算工程造价报送进度款，控制施工进度成本	了解施工组织设计和方案，熟悉施工图，根据变更文件、技术交底、图纸会审、经济签证等计算施工管理预算	1. 拥有对工作环境和工作对象较高的观察力、沟通能力，能和企业同事和工人进行有效的沟通 2. 具有分析问题、解决问题、举一反三、学习迁移的能力 3. 能在企业师傅的带领下完成相应工作任务，获得生产经验 4. 能总结、创新，节约成本，提高成活率，提高公司效益
工程项目竣工验收	申请验收—绘制竣工图—完成验收—再次绘制竣工图	整理过程中收集的施工图、变更、签证、方案等资料，梳理项目中相应的定额文件、工程量计算规则等，根据实际的施工图及变更，按照计算规则计算工程量、套价、调差、取费	按照正确程序申请项目竣工验收，准确记录验收意见并针对性快速进行整改，能够计算工程结算款和竣工决算	分析与解决问题的能力、人际沟通能力、心理承受能力、公文写作能力、办公软件操作能力

职业品质与工匠精神案例

在我们身边总有那么一群人，工作中兢兢业业，像明亮的星星，拨开云雾，带领大家奋勇前行；总有那么一群人以身作则，像严厉的长者，率先垂范，感染他人。他们平凡却又不普通，做着和我们一样的工作却比大多数人更严格要求自己。他们可以称得上我们身边的榜样。

安二分公司预算科科长梁栋就是其中的一位。他看起来文质彬彬，可对待工作却始终是兢兢业业，一丝不苟，不善言辞的他干起工作来有着一股子钻劲、韧劲，特别能吃苦、特别能战斗。他为人谦逊低调，内心却很强大。从加入安二分公司工作至今，一直以高标准要求自己，爱岗敬业，积极向上，在分公司的投标工作中发挥着重要作用。2018 年上半年，他带领安二分公司预算科共计投标 19 项，投标预算总值 4.11 亿元，其中中标 8 项，中标率 47.3%，中标值合计 3.09 亿元。主要配合土建分公司中标的工程有：山煤上德院住宅小区、大宁县移民新区集中安置项目、安徽凤阳县明中都文化旅游中心、河北张家口洋河盛景住宅小区、先锋名苑三期等。

十年磨一剑，一个单位的经营业务能力需要提升，更需要有人来传承。近几年，由于安二分公司经营规模不断扩大，涉足土建、市政工程领域众多，尤其是投标方面的工作还存在很大的提升空间。因此，他通过不断实践，总结经验，在工作中不懈努力，已逐渐成为一名能独立完成整个招投标流程的管理人员。在每次的招投标中他都是仔细研究招标文件，认真请教经验丰富的师傅，刻苦钻研软件的应用，网上查阅评标的流程。在 2022 年投标忻州市食品药品检（监）测能力建设项目 6～8 层实验室空调工程过程中，他带领大家经过三天三夜的奋战，终于制作出了符合招标文件要求的标书，中标值 160 万元。虽然中标值不大，但是这对于分公司来说也是小小的惊喜，标志着安二分公司在市场经营方面有了质的飞跃。

收获是美好的，但过程的艰辛只有亲身经历的人才能体会，他时时刻刻牢记肩上扛着分公司经营预算工作的重担，时时处处以主人翁的高度责任感积极投身到生产经营工作中，他脚踏实地、勤勤恳恳，爱岗敬业，凭借自己对企业的热爱和立志岗位成才的执著追求，在平凡的工作岗位上奉献着自己的青春。

从事招投标工作，经常是挑灯夜战，五加二、白加黑已成为工作常态，但从没有人从他那听到消极的、发牢骚的只言片语，没有烦躁的情绪。任何问题到了他那里都会得到圆满的解决。用他的话讲："办法总比问题多，要本着积极乐观的态度去解决问题。"在实际工作中，他不断以此为准则去要求自己。对于安二分公司来讲，单独承揽任务应该是分公司必须突破的"制高点"，只有承揽到任务，单位才能生存发展，才能打破安二分公司现有的格局，走出传统的施工领域，才能够有较强的市场竞争力和话语权。

任何一个企业的发展、壮大都离不开大家的奉献，正是有许许多多像梁栋这样的人，在平凡的岗位上发光发热，默默耕耘，才有了企业不断发展壮大走向辉煌的基石。这样的人想企业之所想，急企业之所急，一切以工作为先，有时为完成工作放弃假日、休息日，加班加点地干活。让我们像这样的榜样学习，记住众多无私奉献的人，是每一个人的付出助推企业发展不断步入快车道。

“不积跬步无以至千里，不积小流无以成江海。”将我们每一份子的力量汇集起来，像梁栋这样勇于奉献的人一样，肩负使命、背负责任，众志成城，风雨同舟，为了美好的明天，永远奋力前行。

职业生涯发展规划

学徒期间在企业师傅指导下完成企业的生产任务，并对所学知识、技能进行总结归纳，以此作为施工岗和设计岗的拓展平台。在最后一个学期的学徒实习期间，根据第一轮学徒岗位实习情况和个人对行业的任职，可以选择几个岗位中的一个岗位进行强化训练。选择园林工程预算员学徒可以继续以具体的工作任务为载体，深刻领会园林工程预算的知识和技能。园林工程预算是一个经验积累的过程，短期内是无法习得的。因此，选择这个岗位的同学，只有在种植施工养护企业工作两年以上，才能成为这方面的技术人才，而后在企业提供培训、交流平台的基础上，不断拓展自己的知识面，多看、多听、多动手、勤总结，成为园林预算方面的能工巧匠或技术大师。

附录三

园林工程技术专业学徒岗位课程标准

试点专业名称	园林工程技术		
课程名称	园林工程预算员岗位课程		
工作描述	园林预算员岗前培训—前期中标后施工管理预算—计算工程结算款—竣工决算	学徒工作学习时间	12周
教学目标与学习产出	**职业素质目标(可量化考核)** (1)严格遵守公司各项规章制度,并严格执行。 (2)定期进行员工培训学习以及专业知识考核等。 (3)认真完成公司布置的施工任务。 (4)按时参加部门大会和小组研讨会,及时汇报养护过程出现的问题,并提出有效的解决措施。 (5)能完成公司交给的外培任务,并取得合格证。 (6)能对施工工人进行生产作业培训,有效地完成工作任务。 (7)能够通过咨询、查阅文献等识读施工图、熟练使用造价软件、具有节约施工成本意识,通过实践,提高编制经济标的能力。具备知识迁移能力和举一反三的素质要求。 **专业知识目标(可量化考核)** (1)园林工程概预算基础,园林工程概算定额、预算定额、估算定额。 (2)园林工程项目的划分。 (3)掌握园林工程定额计价的方法。 (4)掌握工程量清单及工程量清单计价。 (5)掌握竣工结算与竣工决算。 **职业能力目标(技术技能和岗位从业能力)** (1)能够识别施工图。 (2)能够划分工程项目、正确使用定额。 (3)能够根据施工图计算工程量。 (4)能够根据工程量清单及定额完成定额计价。 (5)能够根据施工图编制工程量清单。 (6)能够根据给定的工程量清单计算工程量清单计价。 (7)能够完成竣工决算。		

续表

工作描述	园林预算员岗前培训—前期中标后施工管理预算—计算工程结算款—竣工决算	学徒工作学习时间	12周
工作场所与使用工具	园林实训场，学徒制企业园林工地。 主要使用施工图、办公软件、造价软件、企业定额或地区单位估价表、图集、施工规范、计价规则等。		
行业企业工作学习职业行为规范	①对待工作规范：树立正确的工作观；要把工作当成事业去完成；个人目标与企业发展目标相结合；做得比学徒师傅期望的结果还好；创造性地工作，懂得提升工作效率；在期限内完成工作任务；工作时间全身心投入。②对待学徒企业规范：牢记公司利益；不要忘记整顿办公环境；随时随地要有节省意识；要做足一百分，尽量完成；要严格遵守公司制度；你可能不赞成，但必须去执行；不要泄露公司的机密；要学会与公司共命运同发展。③对待公司领导的五项规范：意识到领导和自己并非对立关系；不要认为领导容易；积极想办法为领导分忧；和领导风雨同舟；欣赏和赞美自己的领导。④对待自己师傅规范：尊师重道；感恩师傅所教所管；积极想办法为师傅分忧；主动向师傅学习；脑勤、手勤、腿勤、嘴勤。⑤对待自己规范：牢记你就是自己最大的敌人；有想要成功的意识；树立好习惯；学会调节压力；树立一个奋斗的目标；加强自我管理；学会自我激励。⑥对待同事规范：学会尊重别人；学会欣赏他人；不要自视甚高；牢记团队利益高于一切；不要嫉贤妒能。		
企业师傅、专业指导教师配置与教学要求	**一、配备的企业师傅条件** 企业对园林种植施工养护岗的学徒2～3名配备1名企业师傅。配备的师傅条件见附录四一。 **二、企业师傅教学要求** 企业师傅教学要求见附录四二。 **三、专业指导教师配备要求** 按照种植施工养护岗知识内容结构，一类岗位学徒制学生配备该专业方向2～3名校内专任指导教师，负责知识体系构建、课程理论及部分实操的授课。到企业后学徒班配备校外实习指导教师进行学习督导。 教学要求：课程教学教师具有双师素质，讲授课程以项目化教学为主，重视课程产出，重视项目实训，注重职业素质教育。 **四、学徒实习指导教师教学要求** (1)在学徒岗位实习管理网站上对实习学生进行日常管理。 (2)制订指导工作计划，填写指导手册，完成书面工作总结。 (3)与企业师傅经常联系对接，督促学徒完成企业生产任务和学习任务，解决学生的思想问题等。 (4)负责与学徒实习单位联系，积极配合学徒实习单位工作，及时解决学徒实习中的问题，争取学徒实习单位的支持和帮助，搞好学徒实习单位与学校的关系。 (5)指导学生筛选、确定学徒实习单位、岗位，开展顶岗实习。 (6)对学徒学生在企业实习全程通过电话、书信、E-mail、走访等形式进行专业技术指导、职业综合能力培养指导、就业指导。 (7)帮助学生做好毕业论文选题工作和制订进程计划。学生选定题目后，教师要向学生介绍毕业论文题目的意义和要求，要指导学生进行调查(包括查阅资料)、研究、写作。及时检查学生毕业论文进度和工作质量，定期与学生联系，解答学生提出的有关问题。 (8)严格要求学生，重视培养学生独立工作的能力，分析问题、解决问题能力和创新能力。 (9)负责了解、掌握及检查学生完成实习的情况，指导学生撰写实习总结，调查报告等；若发现在实习中违反纪律且情节严重的学生，对其进行批评教育，通知班主任并及时向实习领导小组汇报。 (10)指导学生完成毕业论文，给出成绩并帮助做好答辩准备工作。		

续表

工作描述	园林预算员岗前培训—前期中标后施工管理预算—计算工程结算款—竣工决算		学徒工作学习时间	12周
企业师傅、专业指导教师配置与教学要求	(11)负责学生实习成绩的评定工作。 (12)按分院要求按时收回指导学生的学习材料。 (13)遇突发事件,第一时间掌握具体情况并处理,同时报告班主任、安全稳定领导小组和教学就业工作办公室。			
可考取的职业资格证书、行业或企业证书	预算员、造价师、二级建造师和一级建造师			
工作学习任务(或项目)	工作学习内容	工作学习组织	学习产出考核标准	学习时间/周
1. 岗前培训	企业文化、企业人事、企业组织管理制度、考勤制度和安全生产知识等的学习	由学徒企业组织进行	1. 基本语言表达能力 2. 企业师傅抽问与企业相关的知识	0.2
2. 编制经济标	1. 熟悉施工图 2. 熟悉定额 3. 相关取费标准使用 4. 编制经济标	根据学徒企业的进度组织完成	1. 正确识读施工图 2. 正确使用定额 3. 熟练使用造价软件	5
3. 施工管理预算	1. 现场变更文件 2. 现场经济签证 3. 现场人、材、机的组织情况	在学徒制企业的施工工地进行	根据变更和经济签证、施工现场情况等核算进度成本,控制下一进度的成本	5
4. 竣工结算	1. 前期资料收集 2. 进度款拨付凭证	在学徒制企业的施工工地进行	计算正确,不漏项	1
5. 竣工决算	1. 完成任务,申请项目验收 2. 配合甲方验收 3. 完成竣工决算、合算成本	在学徒企业进行	1. 按照正确程序申请项目竣工验收 2. 准确记录验收意见并针对性快速进行整改 3. 认真核对成本进行核算	1.8
职业品质与工匠精神培养	善于交往、表达;具有敬业精神;富有奉献精神;具有较强的责任心和踏实认真的工作态度;能够按照生产规程进行操作			
工作学习资源	泛雅平台提供 课程资源:园林工程、园林工程概预算、园林项目管理、园林法规等;学徒企业和实习企业提供场地			

续表

组织管理计划	**一、岗位训练学徒组织管理机构** (1)企业是学徒岗位训练和专业核心能力训练教学工作的主体。为了加强岗位训练和专业核心能力训练工作的管理,成立训练工作小组。工作小组根据培养目标和模块设置确定训练模块内容,负责制定训练实施计划并组织实施。 (2)学徒岗位训练和专业核心能力训练工作小组组长由企业相关分管领导担任、副组长由办公室主任和学院相关系部主任担任,成员由企业相关部门负责人、工程技术人员、一线指导师傅及学院相关分院教师、相关职业技能指导教师组成。领导小组办公室设在企业办公室,由办公室主任负责,并配备适当工作人员。 (3)学徒开展岗位训练和专业核心能力训练过程中应配备具有一定专业素养和技能水平的指导师傅。指导师傅的遴选由训练工作小组负责,每个指导师傅所带学徒的数量控制在2～5人。 (4)为了加强学徒岗位训练和专业核心能力训练工作有效性,学院要组建一支由行业专家和相关职业工种技能培训教师组成的训练教学指导队伍,负责学徒训练过程的业务指导,并会同训练工作小组及时调整训练计划。 学徒在岗位训练和专业核心能力训练期间接受企业的技术指导,由学校和企业双重管理。 **二、岗位训练学徒管理** (1)训练学徒应严格遵守企业的规章制度,服从管理,虚心向指导老师学习、请教,认真完成岗位职责。 (2)训练学徒必须按规定时间完成训练,如学徒中途无故擅自离开训练岗位,未完成训练者,或者在训练过程中违反安全生产操作规程并造成损失的不能获得岗位训练和专业核心能力训练的成绩。 **三、岗位训练学徒文档管理** 岗位训练和专业核心能力训练文件主要包括训练教学大纲、训练计划、训练教材、训练指导书、教学训练考核评分标准及各种过程记录文档和考核报告。
考核评价方案	1. 考核内容 选择能够全面反映学徒综合素质的技能项目工作内容作为考核评价内容。学徒在每个实践单元的工作态度、工作表现;学徒的理论知识掌握程度和处理问题能力;学徒的项目完成效果等。 2. 考核时间 采用分阶段考核的方法,在每一项实践内容结束后进行考核。 3. 考核人员 考核人员应具有权威性和代表性,包括专任教师、企业师傅、行业专家和学生等。 4. 考核形式 考核形式可以灵活多样,综合运用实际操作、现场答辩、技能比赛、完成生产任务、撰写解决实际问题方案等多种手段对职业技能和职业素养进行评价。体现公平、公正的原则。 5. 考核成绩评定 考核成绩评定应考虑多方因素,确定合理的比例。如学徒工作态度、工作表现等占50%,平时成绩占20%,项目完成情况占30%。

续表

考核评价方案	6. 评价等级 考核后应分出等级，包括优秀、良好、中等、及格、不及格等，一般 90 分及以上为优秀，80～89 分为良好，70～79 分为中等，60～69 分为及格，60 分以下为不及格。 7. 考核结果处理 考核评价后对考核结果制定相关处理办法。考核不及格者，需要进行补考或重修。对于缺勤三分之一的学生禁止参加考核，重修后方能参加考核。对于综合考评优秀的学生(学徒)给予一定的奖励。
学徒岗位认证条件	1. 能够完成企业交付的施工生产方面的任务。 2. 完成校内学习任务，并考核合格。 3. 遵守企业的规章制度。 4. 在政治安全方面无问题。 5. 经企业师傅考核成绩合格。 6. 完成学校学习阶段的学习任务，达到合格。

附录四
园林工程预算员学徒岗学徒师傅聘任标准与教学指导工作规范

一、 学徒师傅聘任标准

为深化落实推动教育部《关于委托开展职业教育现代学徒制理论研究与实践探索工作的通知》，以园林企业用人需求与岗位资格标准为服务目标，丰富中国特色职业教育体系内涵，使园林工程技术专业的现代学徒制改革顺利开展并取得实效，确保企业师资水平能够满足园林工程预算员现代学徒制教学的需要，特制定本标准。

（一） 聘任对象

种植施工与养护学徒制企业师傅的聘请对象主要是园林企事业单位中从事生产、技术、科研工作，经验丰富，德行俱佳的在职人员。

（二） 聘任条件

（1）热爱园林事业，对培养园林行业人才有充分热情，具有良好的政治思想素质和职业道德。

（2）具备丰富的处理问题能力，善于沟通和表达，掌握并灵活运用行业知识进行技能的传授和讲解能力。

（3）工作经历技术成绩突出，善于“传、帮、带”，近三年在种植施工与养护企业生产工作中没有违纪、违章、违规行为。

（4）取得园林行业技师、二级建造师、一级建造师、注册造价师、注册规划师其中一项职业资格或者具有工程师及以上技术职称者。

（5）接受过专门的职业教育或系统的园林专业职业技能培训。

（6）有制定、实施培训方案的能力，具备良好的语言表达能力和沟通交流能力。

（7）身体健康，心理健康，能坚持正常工作，男性60岁以下、女性55岁以下。

（三） 评聘程序

由园林企业根据评选条件，结合实际情况采取笔试、技能操作方式进行评选。

获得推选的师傅需填写《园林行业师傅申报认定表》，单位盖章后，由单位和合作院校共同审核。

经评审通过的师傅，发放聘书，聘期为三年。聘书加盖学院和师傅所在企业公章。企业师傅认定表见附表 4-1。

附表 4-1 园林行业师傅申报认定表

<table>
<tr><td>姓 名</td><td></td><td>性别</td><td></td><td></td><td colspan="2">年龄</td><td rowspan="3">照片</td></tr>
<tr><td colspan="2">工作单位</td><td colspan="2"></td><td>技术
职务资格</td><td colspan="2"></td></tr>
<tr><td colspan="2">通信地址</td><td colspan="3"></td><td>邮政编码</td><td></td></tr>
<tr><td colspan="2">邮箱</td><td colspan="2"></td><td colspan="2">最高学历、学位</td><td colspan="2"></td></tr>
<tr><td colspan="2">专业技术职称</td><td colspan="2"></td><td colspan="2">毕业学校及时间</td><td colspan="2"></td></tr>
<tr><td colspan="2">技术、专业特长</td><td colspan="2"></td><td colspan="2">现从事技术岗位</td><td colspan="2"></td></tr>
<tr><td colspan="2">拟担任师傅岗位</td><td>岗位一</td><td></td><td>岗位二</td><td></td><td>岗位三</td><td></td></tr>
<tr><td colspan="2">岗位工作经历</td><td colspan="6"></td></tr>
<tr><td colspan="2">传授技能及工作业绩</td><td colspan="6"></td></tr>
<tr><td colspan="2">学习情况</td><td colspan="6"></td></tr>
<tr><td colspan="2">所在单位
推荐意见</td><td colspan="6">盖 章　　　　年　月　日</td></tr>
<tr><td colspan="2">合作院系意见</td><td colspan="6">主任签字(单位代章)　　年　月　日</td></tr>
</table>

（四） 奖励办法

对于师傅带徒弟期间表现优秀的人员给予精神奖励，由单位和学院统一发文表彰，发给获奖证书。带徒弟计算兼职教师工作量，按照学校统一标准进行发放。

将优秀师傅的评选获奖情况计入个人档案，作为晋职晋级的考核依据之一。

二、 学徒师傅教学指导工作规范

学徒师傅承担以下职责。

(1) 认真做好对实习生的日常考勤和管理，加强职业道德、劳动纪律和企业文化等教育，培养学徒文明、守纪的良好习惯。

（2）负责指导实习生熟悉实习工作环境和防护设施，提高学徒的自我保护能力，采取有效措施防止学徒在实习中受到伤害和发生安全事故。

（3）认真做好对实习生技能训练的指导和各技术环节的示范，使学徒尽快掌握实际操作技能，严格要求学徒，并经常进行提问、讲解与指导。

（4）认真听取学校和实习指导教师的意见，采取措施及时解决实习指导中存在的问题，不断提高实习质量。

（5）督促学徒及时填写实习生手册，对学徒的实习小结填写评语并签名。

（6）实行学徒实习信息通报制度，定期向学校、学徒家长通报交流学徒实习情况。

（7）配合学校和第三方评价机构，对实习学徒进行岗位评价考核。

（8）师傅工作做到有记录有考核，对考核不合格的师傅予以解聘、减少课时费、取消晋升等优惠条件。

（9）认真完成企业领导交办的其他各项工作任务。

附录五
园林工程预算员学徒岗学徒选拔标准与学习守则

一、 企业学徒选拔标准

（一） 选拔基本原则

坚持“公平、公正、公开”的原则，做到选拔条件与考核内容公开、选拔经过公开、选拔结果公开，选拔优秀学徒进入公司实习。

（二） 选拔对象、条件及人数

1. 选拔对象

新疆农业职业技术学院园林工程技术专业全日制高职学生。

2. 选拔条件

（1） 思想端正，有良好的道德品质和文明的行为习惯；

（2） 身体健康，无疾病无残疾；

（3） 专业课程成绩优秀，文化课程学习成绩较好；

（4） 热爱园林事业，具有合作意识和团队精神；具有较强的吃苦耐劳的精神；

（5） 有责任感和奉献精神，品行端正；

（6） 自愿参加，入选后同意参加本企业现代学徒制培训；

（7） 毕业后（学成后），自愿在本企业进行园林方面的工作。

3. 选拔人数

根据合作企业的选拔学徒人数确定。

（三） 选拔程序

个人提出书面申请—园林科技分院根据学生情况进行推荐—园林企业综合考核，

确定人选—由园林企业、学院、学生（未成年人由家长代理）三方共同签定学徒协议。

（四） 学徒选拔考核技术标准

1. 考核命题标准

学徒选拔考核以《三级园林绿化工》国家职业标准的工作要求为基础，适当增加新知识、新技术、新设备、新技能等相关内容，以实际操作的形式进行考核。试题由学徒选拔企业组织有关专家统一命制。

2. 考核场地环境设计

采取有效措施确保工位与工位之间互不干扰；设置有考评专家进入现场巡视的专门通道，以不影响考核选手考核为标准。

3. 考核内容及要点

（1）考核方法　采用现场实际绘制的方法，要求选手按照种植施工岗位标准中所规定的工作要求，在规定时间内完成现场工作。

（2）考核内容

①识读施工图，②划分工程项目，③计算工程量，④编制经济标，⑤计算工程结算款。

（3）考核时间

要求2天内完成。

（4）评分要求见附表5-1。

附表5-1　考核评分比重表

评分项目	分值
识读施工图	10
划分工程项目	10
计算工程量	10
编制经济标	60
计算工程结算款	10
合计	100

否定项说明：若参加考核的学徒发生下列情况之一，该考核成绩记为零分：考试抄袭、缺考、替考

二、企业学徒学习守则

（一）入职培训

（1）公司针对企业学徒在进入职业岗位工作之前必须开展入职培训。培训地点可选在学院或公司，重点就公司、部门基本情况、企业组织机构、管理文化、从事工作任务等《员工手册》的相关内容进行培训。

（2）公司为每位企业学徒学生指定一名入职引导人，进入职业岗位工作时，需指定一

名企业技术专家或部门技术负责人为指导教师，指导学生工作、生活，完成职业岗位工作任务和学生学习计划。

（二）员工纪律与行为规范

企业学徒学生作为企业准员工，按员工同等对待管理。

1. 公司员工基本守则

(1)热爱公司，服务社会；

(2)尊重他人，诚实守信；

(3)用心做事，追求卓越；

(4)不断进步，完善自我；

(5)团结合作，坚持原则；

(6)爱护公司财物，提倡勤俭节约；

(7)严守公司机密；

(8)保持环境卫生，注意个人仪表。

2. 公司考勤制度

作为公司的员工，必须严格按公司规定的工作时间出勤。

(1)每天须按时上下班，并按规定记录考勤。

(2)因公外出或出差需由部门负责人签字认可。未经部门负责人签字的，视为旷工。旷工 1 天扣除当月浮动工资的 10%或工资总额 1/30，以此累加。

(3)迟到(早退)10 分钟以内，按事假 2 小时处理；迟到(早退)10 分钟以上 1 小时以内，按事假半天处理；迟到 1 小时以上，按事假 1 天处理。每月事假超过公司规定天数，按 3 天事假等同 1 天矿工处理。

(4)连续无故矿工 3 天，公司将解除接受该学生顶岗实习的约定，并交由学院进行组织纪律处分。

(5)一般情况不得请事假。特殊情况下，可填写请假单请部门负责人审批，审批后的请假单交人力资源部备案。事假超过 3 天的，还应经主管领导审批。事假获准后，应在离开工作岗位之前安排好工作。

(6)请病假须于上班前或不迟于上班后 30 分钟内通知你所在部门的负责人，并于病假后上班的第 1 天补办正式的请假手续：填写请假单，并附区(县)级以上医院出具的病休证明。

(7)事假、病假期间，工资与奖金按当月实际出勤率计算。在 1 个月之内，如果事假超过 3 天或病假超过 5 天者，将不能参与当月津贴的分配。

(8)上班期间如需外出办理公务，应事先向你的直接上级请示。

3. 工作风纪

(1)公司鼓励员工间积极沟通交流，但不能因此妨碍工作。因此，办公期间应该坚守岗位，不要随意窜岗聊天。需要暂时离开时，应知会同事。

(2)保持办公室的整齐、干净、卫生是每一位员工的责任。请不要在办公区域进食、吸烟、饮酒，如有发现，按公司规定给予警告、罚款处理。

(3)办公室是公司办公场所，有公司重要的财物和信息资料。所有来访的客人必须由邀请人陪同才可进入；接待来访、业务洽谈应在洽谈室或会议室进行。

(4)不得浪费、损坏公司公物，或将公司公物占为已有消费使用，一经发现给予警告、罚款。

(5)外出公务或出差必须乘坐公司指定交通工具，并按规定标准住宿。不得乘坐如摩托车、三轮车等非客运机动车。

4. 礼仪仪表

从进入公司上班的第1天起，你的一言一行就代表着公司，因此，工作时保持整洁的外表是十分重要的，应注意遵守下列要求。

(1)工作期间，应保持精神振作、彬彬有礼、高效敏捷。

(2)上班时，应注意衣着整洁、大方、得体。男职员不可留长发，蓄胡须，女职员不可浓妆艳抹。公司有统一着装要求的，按具体着装规定执行。上班期间不得着装短裤、无袖装、超短裙、凉鞋、拖鞋等。

(3)同事间应相互尊重，互帮互爱，语言文明。

(4)对外交往应有礼有节，不卑不亢，礼貌大方，简朴务实。

5. 保密

由于竞争的存在以及你对公司的责任，每个员工都有保守公司秘密的义务。这种保密的义务，不仅限于你在公司工作的合同期内，而且还应注意无论你是退休或离职后，你都将承担这种义务。

(1)务必保管好本人持有的公司涉密文件。

(2)未经授权或批准，不得对外提供有密级的公司文件或其他未公开的经营状况、财务数据等。

(3)对非本人职权范围内的公司机密，应做到不打听、不猜测、不传播。

(4)发现有可能涉密的现象应立即向有关上级报告。

(三)企业学徒学生的工作与学习制度

(1)企业学徒学生在企业指导教师指导下直接上岗从事公司职业岗位工作。岗位工作等同于企业员工，岗位实习学徒不得提出特殊要求。

①企业学徒学生工作期间必须服从部门管理人员、班组长工作安排，严格按照技术规范要求开展职业岗位工作。对工作中不清楚的技术问题，要勤学、勤问、勤练，掌握后再上岗操作，保证工作质量，提高技术水平。

②遵守劳动纪律，反复操作训练，精确操作，提高劳动效率，高效高质量完成岗位

工作。

③企业学徒学生有权拒绝与职业岗位无关工作，并积极主动与指导教师、上级领导反映、沟通。

(2)实习期间，学生采用边工作边学习的工作导向教学与学习方法，学生在已有知识技能的基础上，主要采用以下学习方法。

①作为学徒，在企业指导教师指导下，通过反复工作训练，掌握职业岗位操作(原为“职业”)技能。学生要多与企业指导教师交流沟通、请教业务技术，注重学习指导教师分析问题、解决处理问题的思维方式，工作经验，公司人际关系等方面的知识。

②充分利用公司业务技术培训的机会，学习业务技术。

③利用业余时间，自学学院提供的技术指导手册、企业技术资料。根据生产中问题，通过各种信息渠道参阅学习相关知识、技术。

④在学习、训练掌握职业岗位业务技术的同时，善于调研分析岗位业务技术，以及工作中存在的问题，通过研究，能够改进技术或管理程序，提高工作效率。

(3)学生必须服从学校实习的统一安排，个人不得擅自调换企业和岗位。如确有问题须向学校指导教师提出申请，经批准后方可调换，否则，以实习成绩不及格处理。

(四)实习安全

(1)公司安全教育。公司对岗位实习学徒上岗前进行一次安全教育。

(2)意外人生伤害保险。公司为岗位实习学徒购买一份意外人生伤害保险。

(3)安全检查。公司定期在顶岗实习前、中、后期进行三次安全检查，重点就生活和工作场所安全、交通安全、饮食安全、学生日常行为等方面进行全面检查。并开展不定期抽查。

(4)处罚。

①公司对不注重岗位实习学徒安全的部门限期责令整改，并处于相应经济处罚。

②公司对不听劝阻严重违反有关安全操作规定的岗位实习学徒，将其送返学院处理。

附录六

中华人民共和国招标投标法

第一章　总则

第一条　为了规范招标投标活动，保护国家利益、社会公共利益和招标投标活动当事人的合法权益，提高经济效益，保证项目质量，制定本法。

第二条　在中华人民共和国境内进行招标投标活动，适用本法。

第三条　在中华人民共和国境内进行下列工程建设项目包括项目的勘察、设计、施工、监理以及与工程建设有关的重要设备、材料等的采购，必须进行招标：

（一）大型基础设施、公用事业等关系社会公共利益、公众安全的项目；

（二）全部或者部分使用国有资金投资或者国家融资的项目；

（三）使用国际组织或者外国政府投资贷款、援助资金的项目。

前款所列项目的具体范围和规模标准，由国务院发展计划部门会同国务院有关部门制订，报国务院批准。

法律或者国务院对必须进行招标的其他项的范围有规定的，依照其规定。

第四条　任何单位和个人不得将依法必须进行招标的项目化整为零或者以其他任何方式规避招标。

第五条　招标投标活动应当遵循公开、公平、公正和诚实信用的原则。

第六条　依法必须进行招标的项目，其招标投标活动不受地区或者部门的限制。任何单位和个人不得违法限制或者排斥本地区、本系统以外的法人或者其他组织参加投标，不得以任何方式非法干涉招标投标活动。

第七条　招标投标活动及其当事人应当接受依法实施的监督。

有关行政监督部门依法对招标投标活动实施监督，依法查处招标投标活动中的违法行为。

对招标投标活动的行政监督及有关部门的具体职权划分,由国务院规定。

第二章 招标

第八条 招标人是依照本法规定提出招标的项目、进行招标的法人或者其他组织。

第九条 招标项目按照国家有关规定需要履行项目审批手续的,应当先履行审批手续,取得批准。招标人应当有进行招标项目的相应资金或者资金来源已经落实,并应当在招标文件中如实载明。

第十条 招标分为公开招标和邀请招标。公开招标,是指招标人以招标公告的方式邀请不特定的法人或者其他组织投标。邀请招标,是指招标人以投标邀请书的方式邀请特定的法人或者其他组织投标。

第十一条 国务院发展计划部门确定的国家重点项目和省、自治区、直辖市人民政府确定的地方重点项目不适宜公开招标的,经国务院发展计划部门或者省、自治区、直辖市人民政府批准,可以进行邀请招标。

第十二条 招标人有权自行选择招标代理机构,委托其办理招标事宜。任何单位和个人不得以任何方式为招标人指定招标代理机构。

招标人具有编制招标文件和组织评标能力的,可以自行办理招标事宜。任何单位和个人不得强制其委托招标代理机构办理招标事宜。

依法必须进行招标项目,招标人自行办理招标事宜的,应当向有关行政监督部门备案。

第十三条 招标代理机构是依法设立、从事招标代理业务并提供相关服务的社会中介组织。招标代理机构应当具备下列条件:

(一)有从事招标代理业务的营业场所和相应资金;

(二)有能够编制招标文件和组织评标的相应专业力量;

(三)有符合本法第三十七条第三款规定条件,可以作为评标委员会成员人选的技术、经济等方面的专家库。

第十四条 从事工程建设项目招标代理业务的招标代理机构,其资格由国务院或者省、自治区、直辖市人民政府的建设行政主管部门认定。具体办法由国务院建设行政主管部门会同国务院有关部门制定。从事其他招标代理业务的招标代理机构,其资格认定的主管部门由国务院规定。招标代理机构与行政机关和其他国家机关不得存在隶属关系或者其他利益关系。

第十五条 招标代理机构应当在招标人委托的范围内办理招标事宜,并遵守本法关于招标人的规定。

第十六条 招标人采用公开招标方式的,应当发布招标公告。依法必须进行招标的项目的招标公告,应当通过国家指定的报刊、信息网络或者其他媒介发布。招标公告应当载明招标人的名称和地址、招标项目的性质、数量、实施地点和时间以及获取招标文件的办法等事项。

第十七条 招标人采用邀请招标方式的，应当向三个以上具备承担招标项目的能力、资信良好的特定的法人或者其他组织发出投标邀请书。投标邀请书应当载明本法第十六条第二款规定的事项。

第十八条 招标人可以根据招标项目本身的要求，在招标公告或者投标邀请书中，要求潜在投标人提供有关资质证明文件和业绩情况，并对潜在投标人进行资格审查；国家对投标人资格条件有规定的，依照其规定。

招标人不得以不合理的条件限制或者排斥潜在投标人，不得对潜在投标人实行歧视待遇。

第十九条 招标人应当根据招标项目的特点和需要编制招标文件。招标文件应当包括招标项目的技术要求、对投标人资格审查的标准、投标报价要求和评标标准等所有实质性要求和条件以及拟签订合同的主要条款。

国家对招标项目的技术、标准有规定的，招标人应当按照其规定在招标文件中提出相应要求。

招标项目需要划分标段、确定工期的，招标人应当合理划分标段、确定工期，并在招标文件中载明。

第二十条 招标文件不得要求或者标明特定的生产供应者以及含有倾向或者排斥潜在投标人的其他内容。

第二十一条 招标人根据招标项目的具体情况，可以组织潜在投标人踏勘项目现场。

第二十二条 招标人不得向他人透露已获取招标文件的潜在投标人的名称、数量以及可能影响公平竞争的有关招标投标的其他情况。

招标人设有标底的，标底必须保密。

第二十三条 招标人对已发出的招标文件进行必要的澄清或者修改的，应当在招标文件要求提交投标文件截止时间至少15日前，以书面形式通知所有招标文件收受人。该澄清或者修改的内容为招标文件的组成部分。

第二十四条 招标人应当确定投标人编制投标文件所需要的合理时间。但是，依法必须进行招标的项目，自招标文件开始发出之日起至投标人提交投标文件截止之日止，最短不得少于20日。

第三章　投标

第二十五条 投标人是响应招标、参加投标竞争的法人或者其他组织。

依法招标的科研项目允许个人参加投标的，投标的个人适用本法有关投标人的规定。

第二十六条 投标人应当具备承担招标项目的能力。国家有关规定对投标人资格条件或者招标文件对投标人资格条件有规定的，投标人应当具备规定的资格条件。

第二十七条 投标人应当按照招标文件的要求编制投标文件。投标文件应当对招标文件提出的实质性要求和条件作出响应。

招标项目属于建设施工的，投标文件的内容应当包括拟派出的项目负责人与主要技术人员的简历、业绩和拟用于完成招标项目的机械设备等。

第二十八条 投标人应当在招标文件要求提交投标文件的截止时间前，将投标文件送达投标地点。招标人收到投标文件后，应当签收保存，不得开启。投标人少于三个的，招标人应当依照本法重新招标。

在招标文件要求提交投标文件的截止时间后送达的投标文件，招标人应当拒收。

第二十九条 投标人在招标文件要求提交投标文件的截止时间前，可以补充、修改或者撤回已提交的投标文件，并书面通知招标人。补充、修改的内容为投标文件的组成部分。

第三十条 投标人根据招标文件载明的项目实际情况，拟在中标后将中标项目的部分非主体、非关键性工作进行分包的，应当在投标文件中载明。

第三十一条 两个以上法人或者其他组织可以组成一个联合体，以一个投标人的身份共同投标。

联合体各方均应具备承担招标项目的相应能力。国家有关规定或者招标文件对投标人资格条件有规定的，联合体各方均应当具备规定的相应资格条件。由同一专业的单位组成的联合体，按照资质等级较低的单位确定资质等级。联合体各方应当签订共同投标协议，明确约定各方拟承担的工作和责任，并将共同投标协议连同投标文件一并提交招标人。联合体中标的，联合体各方应当共同与招标人签订合同，就中标项目向招标人承担连带责任。

招标人不得强制投标人组成联合体共同投标，不得限制投标人之间的竞争。

第三十二条 投标人不得相互串通投标报价，不得排挤其他投标人公平竞争，损害招标人或者其他投标人的合法权益。

投标人不得与招标人串通投标，损害国家利益、社会公共利益或者他人的合法权益。

禁止投标人以向招标人或者评标委员会成员行贿的手段谋取中标。

第三十三条 投标人不得以低于成本的报价竞标，也不得以他人名义投标或者以其他方式弄虚作假，骗取中标。

第四章 开标、评标和中标

第三十四条 开标应当在招标文件确定的提交投标文件截止时间的同一时间公开

进行，开标地点应当为招标文件中预先确定的地点。

第三十五条 开标由招标人主持，邀请所有投标人参加。

第三十六条 开标时，由投标人或者其推选的代表检查投标文件的密封情况，也可以由招标人委托的公证机构检查并公证，经确认无误后，由工作人员当众拆封，宣读投标人名称、投标价格和投标文件的其他主要内容。

招标人在招标文件要求提交投标文件的截止时间前收到的所有投标文件，开标时都应当当众予以拆封、宣读。

开标过程应当记录，并存档备查。

第三十七条 评标由招标人依法组建的评标委员会负责。

依法必须进行招标的项目，其评标委员会由招标人代表和有关技术、经济等方面的专家组成，成员人数为五人以上单数，其中技术、经济等方面的专家不得少于成员总数的三分之二。

前款专家应当从事相关领域工作满八年并具有高级职称或者具有同等专业水平，由招标人从国务院有关部门或者省、自治区、直辖市人民政府有关部门提供的专家名册或者招标代理机构的专家库内的相关专业的专家名单中确定；一般招标项目可以采取随机抽取方式，特殊招标项目可以由招标人直接确定。

与投标人有利害关系的人不得进入相关项目的评标委员会；已经进入的应当更换。

评标委员会成员的名单在中标结果确定前应当保密。

第三十八条 招标人应当采取必要的措施，保证评标在严格保密的情况下进行。

任何单位和个人不得非法干预、影响评标的过程和结果。

第三十九条 评标委员会可以要求投标人对投标文件中含义不明确的内容作必要的澄清或者说明，但是澄清或者说明不得超出投标文件的范围或者改变投标文件的实质性内容。

第四十条 评标委员会应当按照招标文件确定的评标标准和方法，对投标文件进行评审和比较。设有标底的，应当参考标底。评标委员会完成评标后，应当向招标人提出书面评标报告，并推荐合格的中标候选人。

招标人根据评标委员会提出的书面评标报告和推荐的中标候选人确定中标人。招标人也可以授权评标委员会直接确定中标人。

国务院对特定招标项目的评标有特别规定的，从其规定。

第四十一条 中标人的投标应当符合下列条件之一：

（一）能够最大限度地满足招标文件中规定的各项综合评价标准；

（二）能够满足招标文件的实质性要求，并且经评审的投标价格最低；但是投标价格低于成本的除外。

第四十二条 评标委员会经评审，认为所有投标都不符合招标文件要求的，可以否决所有投标。

依法必须进行招标的项目的所有投标被否决的，招标人应当依照本法重新招标。

第四十三条 在确定中标人前，招标人不得与投标人就投标价格、投标方案等实质性内容进行谈判。

第四十四条 评标委员会成员应当客观、公正地履行职务，遵守职业道德，对所有提出的评审意见承担个人责任。

评标委员会成员不得私下接触投标人，不得收受投标人的财物或者其他好处。

评标委员会成员和参与评标的有关工作人员不得透露对投标文件的评审和比较、中标候选人的推荐情况以及与评标有关的其他情况。

第四十五条 中标人确定后，招标人应当向中标人发出中标通知书，并同时将中标结果通知所有未中标的投标人。

中标通知书对招标人和中标人具有法律效力。中标通知书发出后，招标人改变中标结果的，或者中标人放弃中标项目的，应当依法承担法律责任。

第四十六条 招标人和中标人应当自中标通知书发出之日起 30 日内，按照招标文件和中标人的投标文件订立书面合同。招标人和中标人不得再行订立背离合同实质性内容的其他协议。

招标文件要求中标人提交履约保证金的，中标人应当提交。

第四十七条 依法必须进行招标的项目，招标人应当自确定中标人之日起 15 日内，向有关行政监督部门提交招标投标情况的书面报告。

第四十八条 中标人应当按照合同约定履行义务，完成中标项目。中标人不得向他人转让中标项目，也不得将中标项目肢解后分别向他人转让。

中标人按照合同约定或者经招标人同意，可以将中标项目的部分非主体、非关键性工作分包给他人完成。接受分包的人应当具备相应的资格条件，并不得再次分包。

中标人应当就分包项目向招标人负责，接受分包的人就分包项目承担连带责任。

第五章 法律责任

第四十九条 违反本法规定，必须进行招标的项目而不招标的，将必须进行招标的项目化整为零或者以其他任何方式规避招标的，责令限期改正，可以处项目合同金额千分之五以上千分之十以下的罚款；对全部或者部分使用国有资金的项目，可以暂停项目执行或者暂停资金拨付；对单位直接负责的主管人员和其他直接责任人员依法给予处分。

第五十条 招标代理机构违反本法规定，泄露应当保密的与招标投标活动有关的情况和资料的，或者与招标人、投标人串通损害国家利益、社会公共利益或者他人合法权益的，处 5 万元以上 25 万元以下的罚款，对单位直接负责的主管人员和其他直接责任人员处单位罚款数额百分之五以上百分之十以下的罚款；有违法所得的，并处没收违法所得；情节严重的，暂停直至取消招标代理资格；构成犯罪的，依法追究刑事责任。给他人造成损失的，依法承担赔偿责任。

前款所列行为影响中标结果的，中标无效。

第五十一条 招标人以不合理的条件限制或者排斥潜在投标人的，对潜在投标人实行歧视待遇的，强制要求投标人组成联合体共同投标的，或者限制投标人之间竞争的，责令改正，可以处 1 万元以上 5 万元以下的罚款。

第五十二条 依法必须进行招标的项目的招标人向他人透露已获取招标文件的潜在投标人名称、数量或者可能影响公平竞争的有关招标投标的其他情况的，或者泄露标底的，给予警告，可以并处 1 万元以上 10 万元以下的罚款；对单位直接负责的主管人员和其他直接责任人员依法给予处分；构成犯罪的，依法追究刑事责任。

前款所列行为影响中标结果的，中标无效。

第五十三条 投标人相互串通投标或者与招标人串通投标的，投标人以向招标人或者评标委员会行贿的手段谋取中标的，中标无效，处中标项目金额千分之五以上千分之十以下的罚款，对单位直接负责的主管人员和其他直接责任人员处单位罚款数额百分之五以上百分之十以下的罚款；有违法所得的，并处没收违法所得；情节严重的取消其 1 年至 2 年内参加依法必须进行招标的项目的投标资格并予以公告，直至由工商行政管理机关吊销营业执照；构成犯罪的，依法追究刑事责任。给他人造成损失的，依法承担赔偿责任。

第五十四条 投标人以他人名义投标或者其他方式弄虚作假，骗取中标的，中标无效；给招标人造成损失的，依法承担赔偿责任；构成犯罪的，依法追究刑事责任。

依法必须进行招标的项目的投标人有前款所列行为尚未构成犯罪的，处中标项目金额千分之五以上千分之十以下的罚款，对单位直接负责的主管人员和其他直接责任人员处单位罚款数额百分之五以上百分之十以下的罚款；有违法所得的，并处没收违法所得；情节严重的，取消其 1 年至 3 年内参加依法必须进行招标的项目的投标资格并予以公告，直至由工商行政管理机关吊销营业执照。

第五十五条 依法必须进行招标的项目，招标人违反本法规定，与投标人就投标价格、投标方案等实质性内容进行谈判的，给予警告，对单位直接负责的主管人员和其他直接责任人员依法给予处分。

前款所列行为影响中标结果的，中标无效。

第五十六条 评标委员会成员收受投标人的财物或者其他好处的，评标委员会或者参加评标的有关工作人员向他人透露对投标文件的评审和比较、中标候选人的推荐以及与评标有关的其他情况的，给予警告，没收收受的财物，可以并处 3000 元以上 5 万元以下的罚款，对有所列违法行为的评标委员会成员取消担任评标委员会成员的资格，不得再参加任何依法必须进行招标的项目的评标；构成犯罪的，依法追究刑事责任。

第五十七条 招标人在评标委员会依法推荐的中标候选人以外确定中标人的，依法必须进行招标的项目在所有投标被评标委员会否决后自行确定中标人的，中标无效，责令改正，可以处中标项目金额千分之五以上千分之十以下的罚款；对单位直接负责的主管人员和其他直接责任人员依法给予处分。

第五十八条 中标人将中标项目转让给他人的，将中标项目肢解后分别转让给他人的，违反本法规定将中标项目的部分主体、关键性工作分包给他人的，或者分包人再次分包的，转让、分包无效，处转让、分包项目金额千分之五以上千分之十以下的罚款；有违法所得的，并处没收违法所得；可以责令停业整顿；情节严重的，由工商行政管理机关吊销营业执照。

第五十九条 招标人与中标人不按照招标文件和中标人的投标文件订立合同的，或者招标人、中标人订立背离合同实质性内容的协议的，责令改正；可以处中标项目金额千分之五以上千分之十以下的罚款。

第六十条 中标人不履行与招标人订立的合同的，履约保证金不予退还，给招标人造成的损失超过履约保证金数额的，还应当对超过部分予以赔偿；没有提交履约保证金的，应当对招标人的损失承担赔偿责任。

中标人不按照与招标人订立的合同履行义务，情节严重的，取消其 2 年至 5 年内参加依法必须进行招标的项目的投标资格并予以公告，直至由工商行政管理机关吊销营业执照。

因不可抗力不能履行合同的，不适用前两款规定。

第六十一条 本章规定的行政处罚，由国务院规定的有关行政监督部门决定。本法已对实施行政处罚的机关作出规定的除外。

第六十二条 任何单位违反本法规定，限制或者排斥本地区、本系统以外的法人或者其他组织参加投标的，为招标人指定招标代理机构的，强制招标人委托招标代理机构办理招标事宜的，或者以其他方式干涉招标投标活动的，责令改正；对单位直接负责的主管人员和其他直接责任人员依法给予警告、记过、记大过的处分；情节较重的，依法给予降级、撤职、开除的处分。

个人利用职权进行前款违法行为的，依照前款规定追究责任。

第六十三条 对招标投标活动依法负有行政监督职责的国家机关工作人员徇私舞弊、滥用职权或者玩忽职守，构成犯罪的，依法追究刑事责任；不构成犯罪的，依法给予行政处分。

第六十四条 依法必须进行招标的项目违反本法规定，中标无效的，应当依照本法规定的中标条件从其余投标人中重新确定中标人或者依照本法重新进行招标。

第六章　附则

第六十五条　投标人和其他利害关系人认为招标活动不符合本法有关规定的，有权向招标人提出异议或者依法向有关行政监督部门投诉。

第六十六条　涉及国家安全、国家秘密、抢险救灾或者属于利用扶贫资金实行以工代赈、需要使用农民工等特殊情况，不适宜进行招标的项目，按照国家有关规定可以不进行招标。

第六十七条　使用国际组织或者外国政府贷款、援助资金的项目进行招标，贷款方、资金提供方对招标投标的具体条件和程序有不同规定的，可以适用其规定，但违背中华人民共和国的社会公共利益的除外。

第六十八条　本法自 2000 年 1 月 1 日起施行。

附录七 职业品质与工匠精神案例

王海军：北京盛世润禾园林科技有限公司工程管理部部长

王海军是误打误撞进入园林绿化行业的。昔日的他曾是白纸一张、基础为零的资料员，如今已是业务精湛、驾轻就熟的项目带头人。现在担任北京盛世润禾园林科技有限公司工程管理部部长的王海军，这些年来走过了一条"逆袭"之路。

在大学主修水利水电建筑工程专业的王海军，初来乍到时，除了杨树、柳树，连其他苗木的种类名称都认不全。但王海军对园林绿化行业有着十足的兴趣和挑战欲。"比起生硬、见棱见角的建筑和混凝土，树木和花草具有生命，经过养护修剪能够呈现出各式各样的风格，水景、石头、园林经过精心排列和装点更能展现出生态协调之美。这种灵活而充满生机的特点让我这个'小白'有信心在新行业扎稳脚跟。"王海军说。

王海军从一名资料员做起，开始学习使用各类资料软件，恶补书本知识，抓住每一次去现场的机会，把自己总结的问题和难点向经验丰富的老师傅请教。同时，有心的他在现场时刻观察工程的各个流程和细节，为日后成为协调管理能力突出的多面手打下了基础。回想起做资料员那段岁月，王海军的印象依旧清晰："冬季施工时，我们站在寒风中量尺寸、记数据，手都冻僵了，但能换来今天的自己，一切都是值得的。"

业务能力日渐精进的王海军，开始独自带队完成各类项目。他坦言，想把一个项目做好看似简单，可很多工程并非"绕着自己转"。一个项目，现场很多单位同时施工，会存在大量的交叉现象，突然缩短工期、人手严重不足等情况随时可能出现。王海军曾在一个位于昌平区的项目中，按照要求带领十几人的团队，自己更是亲自上阵，用不到一天一夜的时间，完成了一千多平方米的铺装工作。

在王海军眼中，一名合格的项目带头人需要具备"眼观六路耳听八方"的大局意识和随机应变、应急处置能力。场地是否协调出来了，种植土是否填到位了，坑位是否提前挖好了，苗木的种类、数量是否确定好了，何时安排进场，栽树、修剪的人员和机械、材料是否准备好了…… 这些内容都要在自己的脑中有一个清晰的架构。“更重要的是，这些要素并不是固定不变的，而是时刻在改变的。王”海军说，你“要考虑到，如果第二天苗木来不了，下一步怎么安排，要提前开挖多少坑位，一批次要进多少棵树，我们的人手、坑位能否让这批树到位后马上进行栽植，最大限度地保证成活率。”

长时间在一线工地摸爬滚打，让王海军练就了洞察问题、解决问题的能力。世园会建设期间，他在榆树文化园负责镜水景建设时，发现设计图纸中砖模在池壁的内侧，有着丰富经验的王海军立即考虑到，吸水能力较强的砖经过冬天会有冻胀、冻裂的风险。经过现场讨论，砖模按照他的建议放在了池壁外侧。延庆山区多，冬天气温低，绿化乔木种植是在天寒地冻的环境下进行的。那时，冻土层的深度达到了三四十公分，人工以及普通的机械已经无法挖坑，王海军和工人们用钩机等设备先对冻土进行破碎，才把坑挖好。

王海军在工作中，最重视理论和实际相结合的能力。参加市总工会组织的“职工技协杯”比赛之前，他一度认为管理和一线操作是脱离的。当他在比赛培训中练习铺砖时，工人平时三两锤子就能敲好的砖，自己怎么都铺不利索。两天以后，王海军的胳膊都肿了，效果还是不能达到自己的预期。“感觉自己的手很没谱，不会用那股劲。作为管理人员，你如果在操作中铺一块砖都发抖，还谈什么管理一线工人呢?” 他坦言，作“为管理人员参加一线操作技能大赛的经历，让我明白了工匠精神的重要性。”

现在，王海军已经是公司中能够同时负责多个项目的多面手和骨干人员，公司在城市副中心的绿化任务也都交给了他。他在项目间往返不停，人不是在工地，就是在车里。工“装要齐整，防护要到位，环保苫盖、洒水降尘样样不能少。王”海军说，在副中心进行园林绿化施工，除了要保证苗木质量，还要重视公司和首都园林绿化行业的形象，要让园林绿化工作者成为副中心建设者的亮点。

参 考 文 献

陈津生．建设工程总承包项目招标与投标操作实务．北京:化学工业出版社,2021.

陈启贵．风景园林工程概预算．哈尔滨:哈尔滨工业大学出版社,2010.

郭爱云．看例题学园林工程工程量清单计价．北京:化学工业出版社,2013.

李铁成．园林工程专业创新创业指导与分析．北京:中国农业大学出版社,2021.

刘景矿．建设工程法规．北京:中国建筑工业出版社,2022.

刘少华．大学生职业生涯规划与就业指导．北京:北京大学出版社,2020.

刘小菊．园林种植施工学徒岗位手册．北京:中国农业大学出版社,2020.

刘义平．园林企业经营管理．北京:中国建筑工业出版社,2008.

宁平．园林工程概预算从入门到精通．北京:化学工业出版社,2017.

全故宫造价工程师职业资格考试培训教材编审委员会．全国一级造价工程师职业资格考试培训教材:建设工程计价．北京:中国计划出版社,2019.

王辉忠．园林工程概预算．北京:中国农业大学出版社,2008.

危道军．预算员基础知识．北京:中国建筑工业出版社,2010.

吴戈军．园林工程预算与工程量清单编制．北京:化学工业出版社,2014.

余璠璟．仿古建筑与园林工程工程量清单计价．南京:东南大学出版社,2015.

园林绿化工程工程量计算快学快用编写组．园林绿化工程工程量计算快学快用．北京:中国建材工业出版社,2012.

袁旭东．园林工程工程量清单计价与投标详解．北京:中国建筑工业出版社,2013.

张国栋．园林绿化工程工程量清单计价编制实例．郑州:黄河水利出版社,2008.

张明轩．建设工程工程量清单计价规范实施指南系列丛书．北京:中国电力出版社,2009.